颜氏家训

颜之推◎著

北方妇女儿童出版社

目录

序

中华民族要实现伟大复兴，必须有凝聚力。凝聚力的基础是人民具有民族自尊心、自信心，而民族自尊心、自信心的根本来源于对民族文化优秀传统的明确认知。

值得欣慰的是，博大精深的中华传统文化，蕴含着丰富的精神资源。生生不已的变易之道，居安思危的忧患意识，富贵不淫、贫贱不移的大丈夫气概，民为邦本的政治哲学，正德、利用、厚生相统一的精神物质兼顾的文明观，等等，都是开启今人智慧、滋养今人心灵的营养。

为了适应全民阅读的需求，我们本着以弘扬传统文化、传承中华文明为宗旨，精心设计了这套深入浅出，今古相合，适合全民阅读和理解古代先贤智慧的《中华国学经典全民阅读书库》。

本书特点鲜明，以采用多视角、多元化、多维度的图解式为启动引擎，每册图书分为六大版块：阅读图解、观古阅今、辅导讲坛、原典新释、古韵体验和延伸阅读；通过这些版块，详细生动地从不同功用上对丛书之每一国学经典进行全方位的介绍，辅助读者理解古籍中生僻难解之处，有益于在古诗文学习上的理解和提高。

国学，作为一种历史、一种传统、一种文化、一种非物质文化遗产，它所蕴藏的经验、智慧和启示，穿越时空延展至今。我们用它来化解心灵的危机，解释当下的生存困境，救赎迷惘的灵魂。我们正处在现代化进程中，需要从古籍中发掘中华民族固有的传统文化基因作为促进社会进步的重要支撑点，这正是全民阅读国学重要性之所在。

国学流传了几千年，不腐更不会朽，它是清新而流动的活水，万古长青，生机盎然。有鉴于此，我们组织学术界的一流专家，编辑了这套图书，以飨读者。

编者

2015 年 3 月

阅读图解

Yue Du Tu Jie

颜氏家训

阅读结构图解

No.1
阅读图解：这部分内容用和谐的色彩和图形来对本书作者、历史影响等内容进行解读，简单、清晰、直观，有利于读者轻松把控和阅读本书。

No.2
观史阅今：这部分包括本书的历史传承、影响，以及本书的历史地位、作用、意义等内容，起到点睛之笔的作用，能够让读者做到对经典著作的深入和精细化阅读。

No.3
辅导讲坛：用简短、精炼的语言对每一篇的内容进行概括、总结，以期读者更加快速地从宏观角度掌握本书的主要内容。

No.5
古韵体验：用体验的方式阅读，具有亲历性和验证性，当把书籍的内容用在实际中，是活学活用，也是学以致用，《颜氏家训》对我们理政、经商、治学、教育等均有广泛用途，有针对性地用在实践中，是我们阅读的目的。

No.4
原典新释：选取和本书相关的人物、图书、影视以及经典的词句、思想等内容，以增加读者的文化积淀，拓宽视野，培育创造力。

No.6
延伸阅读：这部分内容包括原典、注释、译文和铭记链接，侧重对原典的正确解读，注释译文力求简明准确，链接知识紧扣文本，重在凸显原典主旨，弘扬传统文化。

阅读提纲图解

1.《颜氏家训》是汉民族历史上第一部内容丰富，体系宏大的家训，也是一部学术著作。历代统治者对《颜氏家训》非常推崇，甚至认为“古今家训，以此为祖”，后世广为征引，共7卷20篇。

2. 纵观历史，颜氏子孙在操守与才学方面都有惊世表现，书法为世楷模、笼罩千年的颜真卿，凛然大节震烁千古、以身殉国的颜杲卿等人，更足证其祖所立家训之效用彰著。

原文部分参照多家白话文本及诸家注、疏、笺、校本，文章经梳理后，以中国现代标点符号标明句读，以方便读者阅读。

注释部分是对古今异义(异音)、生僻、难解等词语进行注释，力求准确严谨，古今相通，简洁明白，便于读者阅读。

中华国学 经典全民阅读书库

序致篇一

原文

吾家风教①，素为整密②，昔在龆龀③，便蒙诱诲。每从两兄④，晓夕温清⑤，规行矩步，安辞定色，锵锵翼翼，若朝严君焉。赐以优言，问所好尚，励短引长，莫不恳笃。年始九岁，便丁荼蓼，家涂离散，百口索然。慈兄鞠养，苦辛备至，有仁无威，导示不切。虽读《礼》、《传》，微爱属文，颇为凡人之所陶染。……

注释

①风教：门风家教。

②整密：严肃周详。

③龆龀（tiáo chèn）：本义指儿童掉乳齿，长出恒齿，引申义指童年。

④两兄：指颜之仪、颜之善两兄弟。

⑤温清（qìng）：指孝子侍奉父母。温：温被使暖，清：扇席使凉。

3.《颜氏家训》不仅在家庭伦理、道德修养方面对我们今天有着重要的借鉴作用，而且对研究古文献学，研究南北朝历史、文化有着很高的学术价值；同时，对后人有着宝贵的认识价值。

4.《颜氏家训》直接开后世“家训”的先河，是我国古代家庭教育理论宝库中的一份珍贵遗产。被陈振孙誉为“古今家训之祖”的《颜氏家训》，是中国文化史上的一部重要典籍。

颜氏家训

译文

“我家的教风，向来严肃周密，我回忆在童年时，就受到诱导教诲。经常跟随两位兄弟，早晚孝顺侍奉双亲，言谈谨慎举止端正，言语安详神色平和，恭敬有礼待人大方，好似朝见尊严的君王。双亲优容勉励，问我们的爱好崇尚，磨去我们的瑕疵，发扬我们的特长，都既恳切又确当。当我九岁的时候，父亲去世了，家庭陷入困境，家道衰落，人口萧条。哥哥抚养我，竭尽辛劳，他有仁爱而少威严，引导启示不那么严切。我当时虽也诵读《周礼》《春秋》《左传》，但又对写文章稍有爱好，多少受到社会世人的影响。

译文部分参考诸家注、疏、笺、校本，以现代白话的形式解说文言文原文，以帮助现代读者理解原文，明白其意思。

经典语录

1. 生不可不惜，不可苟惜。涉险畏之途，干祸难之事，贪欲以伤生，谗慝而致死，此君子之所惜者；行诚孝而见贼，履行义而得罪，丧身以全家，泯躯而济国，君子不咎也。
2. 观天下书未遍，不得妄下雌黄。
3. 有志向者，遂能磨励，以就素业，无履立者，自兹堕慢，便为凡人。
4. 父不慈则子不孝，兄不友则弟不恭，夫不义则妇不顺矣。
5. 夫学者犹种生产方式也，春玩其华，秋登其实；讲论文章，春华也，修身利行，秋实也。

经典语录是对文章内涵的延伸，所选内容和名言都是本书中知名度最高、对后人启发最深刻的，能够拓展读者视野，加深读者记忆，提高阅读质量。

作者年谱图解

公元 531 年

生于建康，一说生于江陵（今湖北江陵），有颜之仪、颜之善两兄。七岁能诵《鲁灵光殿赋》。

公元 542 年

随湘东王萧绎在江州（江州治寻阳，今江西九江）。他早传家业，12 岁时听讲老庄之学，因“虚谈非其所好，还习《礼》《传》”，生活上“好饮酒，多任纵，不修边幅”。他博览群书，为文辞情并茂，得梁湘东王赏识。

公元 547 年

为湘东王萧绎右常侍，加镇西墨曹参军，驻江陵。（550 年）为萧方诸中抚军外兵参军。

公元 548 年

侯景之乱爆发，颜之推被俘，因侯景行台郎中王则相救未被杀害，囚送建康。

公元 552 年

侯景败死，获释还江陵。萧绎在江陵自立，承圣元年壬申（552 年），为散骑侍郎，奏舍人事，奉命校书。

公元554年

西魏攻陷江陵，再次被俘，迁移长安；后出逃北齐，出逃之日，“值河水暴涨，具船将妻子来奔，经砥柱之险”。

公元556年

在北齐任官。

公元557年

北周兵陷晋阳，之推出任平原太守，守河津。

公元579年—580年

为御史上士。隋朝开皇中，太子杨勇召为学士，甚见礼重。

公元591年

去世。依他自叙，“予一生而三化，备荼苦而蓼辛”。叹息“三为亡国之人”。传世著作有《颜氏家训》《还冤志》《集灵记》等。

作者生平

颜之推原籍琅邪临沂（今山东省临沂市），世居建康（今南京市），生于士族官僚家庭，世传《周官》《左氏春秋》。他早传家业，12岁时听讲老庄之学，因“虚谈非其所好，还习《礼》《传》”，生活上“好饮酒，多任纵，不修边幅”。他博览群书，为文辞情并茂，得梁湘东王赏识，19岁就被任为国左常侍。后投奔北齐，历20年，官至黄门侍郎。公元577年 ，北齐为北周所灭，他被征为御史上士。公元581年 ，隋代北周，他又于隋文帝开皇年间，被召为学士，不久以疾终。依他自叙，“予一生而三化，备荼苦而蓼辛”。叹息“三为亡国之人”。传世著作有《颜氏家训》和《还冤志》《集灵记》等。《颜氏家训》共二十篇，是颜之推为了用儒家思想教训子孙，以保持自己家庭的传统与地位，而写出的一部系统完整的家庭教育教科书。这是他一生关于士大夫立身、治家、处事、为学的经验总结，在封建家庭教育发展史上有重要的影响。后世称此书为“家教规范”。

祖籍邹鲁，东汉关内侯颜盛之后。大通三年辛亥（531年）生于江陵（湖北江陵），有颜之仪、颜之善两兄。七岁能诵《鲁灵光殿赋》。大同八年壬戌（542年），随湘东王萧绎在江州（江州治寻阳，今江西九江）。十九岁时（547年），为湘东王萧绎右常侍，加镇西墨曹参军，驻江陵。550年为萧方诸中抚军外兵参军。太清二年（548年），侯景之乱爆发，颜之推被俘，因侯景行台郎中王则相救未被杀害，囚送建康。552年，侯景败死，获释还江陵。萧绎在江陵自立，承圣元年王申（552年），为散骑侍郎，奏舍人事，奉命校书。554年，西魏攻陷江陵，再次被俘，迁移长安；后出逃北齐，出逃之日，“值河水暴涨，具船将妻子来奔，经砥柱之险”。北齐宣帝天保七年（556年），在北齐任官。557年，北周兵陷晋阳，之推出任平原太守，守河津。北周大象（579年—580年）末，为御史上士。隋朝开皇中，太子杨勇召为学士，甚见礼重。寻以疾终。开皇十一年（591年）卒。

他结合自己从小学的家庭教育和切身经历，写了一本《颜氏家训》（420年—581年），主张早教。他认为，人在小的时候，精神专一；长大以后，思想分散，不易学习。袁衷称："六朝颜之推家法最正，相传最远。"周作人对颜之推和《颜氏家训》极为佩服，《夜读抄》里写了一篇《颜氏家训》读书笔记。《钦定四库全书》杂家类有《颜氏家训》二卷。

有三子：长子颜思鲁，次子颜愍楚，三子颜游秦。

著书时间

《颜氏家训》成书于隋开皇九年(589)以后，是一部记述个人经历、思想、学识以告诫子孙的著作。此书《唐志》《宋志》皆七卷，列入儒家，《四库全书总目》所收为江西巡抚采进的二卷本，以其"不专为一家之言"，改入杂家。《颜氏家训》分为序致、教子、兄弟、后娶．治家、风操、菇贤、勉学、文章、名实、涉物、省事、止足、诫兵、养生、归心、书证、音辞、杂艺、终制共二十篇。

《颜氏家训》是我国南北朝时北齐文学家颜之推的的传世代表作。他结合自己的人生经历、处世哲学，写成《颜氏家训》一书告诫子孙。《颜氏家训》是我国历史上第一部内容丰富、体系宏大的家训，也是一部学术著作。阐述立身治家的方法，其内容涉及许多领域，强调教育体系应与儒学为核心，尤其注重对孩子的早期教育，并对儒学、文学、佛学、历史、文字、民俗、社会、伦理等方面提出了自己独到的见解。文章内容切实，语言流畅，具有一种独特的朴实风格，对后世的影响颇为深远。

名家点评图解

宋代朱熹《小学》取材于《颜氏家训》。

宋人陈振孙《直斋书录题解》说："古今家训，以此为祖。"

明代袁衷《庭帏杂录》说："六朝颜之推家法最正，相传最远。"

清代陈宏谋之《养正遗规》取材于《颜氏家训》。

鲁迅对颜之推和《颜氏家训》极为佩服，《夜读抄》里写了一篇《颜氏家训》读书笔记。

王钺所说的“北齐黄门颜之推家训二十篇，篇篇药石，言言龟鉴，凡为人子弟者，可家置一册，奉为明训，不独颜氏”。

寻颜氏于序致篇云：“圣贤之书，教人诚孝。”

颜氏家训
夜觉晓非，今悔昨失，自怜无教，以至于斯。

观古阅今

Guan Gu Yue Jin

颜氏家训

《颜氏家训》顾名思义是部家训。中国家训有悠久的历史，《尚书·盘庚上》收录商王盘庚对殷商贵族的训词，《无逸》《君奭》是周公旦对侄儿成王、召公的劝诫，都称得上早期家训。家训的训者多为家族中前辈、尊者，受训者是晚辈或族人。到两汉、三国，家训多以“诫子书”形式出现，著名的有《司马谈命子迁书》(《史记·太史公自序》)、《刘向诫子歆书》(《汉书·刘向、歆传》)、《马援诫兄子严、敦书》(《后汉书·马援传》)，三国时收录于《曹操集》《诸葛亮集》中的诫子令、书等。魏晋前的家训多以单篇文字出现，《颜氏家训》问世，家训才形成完整的体例，标志着中国家训的成熟。

《颜氏家训》的作者颜之推（531-590后数年），字介，琅琊临沂（今山东临沂）人，出身于随晋元帝南渡的世族之家。颜之推前九代（一说五代），历东晋、宋、齐、梁，都出仕朝廷，南北朝动乱的社会，给他们的生活留下深刻影响。《颜氏家训》最令后人称道的是它在中国教育史乃至世界教育史上的贡献，如有关家庭教育的论述，教育史家认为可媲美于西方的夸梅纽斯（1592-1670），但时间上却早了近千年。《颜氏家训》共20篇，其中不仅有家庭教育（包括胎教、父母兄弟的家庭伦理），还包括了一个人成长中的道德教育、人格教育（含处世之道、友朋之道、养生之道等），职业教育（含理想职业的选择、多种才艺的培养等）及学习目的、方法的培养，独特家风的传承等等。称得上一部集古代中国教育理论、经验、方法的百科全书。

《颜氏家训》的写作方法也很有特色。颜之推往往以儒家经典、格言名句作为问题出发点，以历代圣贤如孔、孟、周公做楷模，以当代人、颜氏亲属乃至本人亲见的故事作范例，达到循循善诱的效果。无数的家训、家范、家诫、格言都继承了《颜氏家训》，形成中国家训的庞大体系。《颜氏家训》在颜氏后人的具体实践中，也证明了家训对规范一个家族的家风，乃至学风，保证其时代流传、发扬光大是起了重要作用的。

颜之推本人便是南北朝时期的学问大家。《隋书·经籍志》《旧唐书·经籍志》《新唐书·艺文志》都著录了他众多作品，有文字学的，有音韵学的，有古籍校注等，但仅有《颜氏家训》及个别单篇存世；就《颜氏家训》言，便是了不起的成就。当代史学家范文澜这样推崇颜之推，称“他是南北朝最通博最有思想的学者……当时所有大小知识，他几乎都钻研过并提出自己的见解。《颜氏家训》20篇，就是这些见解的记录”。

颜之推的期望没有落空，他的后代都继承了家学。颜之推长子颜思鲁隋代任东宫学士，唐初任秦王（李世民）府记室参军，颜之推文集（含《颜氏家训》）就是由他整理编定的。次子颜愍楚，继承了颜之推音韵学上的成就，著《礼俗音略》；三子颜游秦，唐武德间任廉州刺史、鄂州刺史，对《汉书》有独到见解，著《汉书决疑》，其学问又被其侄颜师古继承。

《颜氏家训》中，颜之推反复告诫子孙要恪守儒家的忠孝仁义，这点被颜氏后人遵循不悖，其中最为人称道的是颜杲卿（692-756）和颜真卿（709-785）。两颜是堂兄弟。唐安史之乱初，颜杲卿任常山（今河北正定）太守，颜真卿任平原（今山东西部）太守。安史之乱平定后，颜真卿出任吏部尚书、太子太师，封鲁郡开国公，他历任三朝（肃宗、代宗、德宗）。德宗时藩镇割据，他奉命去河南汝州淮西节度使李希烈处。李在藩镇中位置最重要，势力最大，很想称帝。以此李逼颜真卿叛唐。颜真卿怒斥：“汝知有骂安禄山而死者颜杲卿乎，乃吾兄也。吾年八十，知守节而死耳，岂受汝辈诱胁乎！”李希烈还在颜真卿住处挖一大坑，欲坑杀之。颜真卿坦然道：何必多事，只要一剑便可。最终颜真卿被李希烈缢杀于蔡州。颜之推后人在安史之乱这一特殊年代表现出的忠、孝、节、义，是颜氏家风得以传承的最好体现。

颜之推在《颜氏家训》中很重视后代在文化艺术修养上的养成及提高。他本人对书法很有研究，称“吾幼承门业，加性爱重，所见书法亦多，而玩习功夫颇至”。他最看重王羲之、王献之的书法，不仅收藏，更多方研习，他要求子孙“真草书迹微须留意”。颜氏一门对书法的重视，终在颜真卿身上结出奇迹。颜真卿书法初学褚遂良，后从张旭处得到了笔法，他写的正楷端正雄浑，气势宏伟，行书则遒劲勃发，极像他的为人。中国书法到颜真卿又大放异彩，他的“颜体”至今仍奉为书法正宗，留下的笔迹如碑刻中的《多宝塔碑》《麻姑仙坛记》《颜勤礼碑》《颜氏家庙碑》，手迹《祭侄文稿》为书法史上的珍宝。

从南北朝到唐中叶，颜之推本人及后代，出现了一流的学问家、一流的书法家，也出现为后人称道的忠臣、义士，从时间上推算，其家业

和门风，辉煌了三个世纪（6–8世纪）

由于家训在家风形成中的重要作用，良好家风又与良好国风密不可分，历代文人都重视家训一类文字的撰写。明、清后，各地纷纷编写家谱，一部家谱必有家训或族训，“谱必列训”成为惯例。一部宗谱也说：“谱列家箴、家礼、庭训，立宗法，实仲国法也。”（《康熙潛山吴氏宗谱·凡例》）后人称颜氏“家法最正”，所谓“正”正指这点。家训能起伸引国家法律的作用。

《颜氏家训》在内的各种类型家训是中华传统文化不可忽视的部分，但历代家训无不反映了时代的价值观及需要。也有许多时代的局限，这自然是应扬弃的。如何让社会主义核心价值植入今天的家训、家风，仍须我们深思熟虑后为之。

辅导讲坛

Fu Dao Jiang Tan

颜氏家训

本书的阅读，以多视角，多元化，多维度为启动引擎，在阅读时从两个主体部分着眼，就会得到相得益彰的效果。

一、版块辅导

全书共分为六大版块：阅读图解、观史阅今、辅导讲坛、原典新释、古韵体验以及延伸阅读。

图形也是一种语言，但它比文字简练、直观、立体，同时也蕴含着丰富的信息。本书的阅读图解部分就是最好的证明，这部分内容是对整本书的结构概括、作者生平以及本书的历史影响及文学地位的直观展示。

接下来是观史阅今，读者可以从这部分概括性的语言中对本书的意义、传承、影响等方面有一个总体的了解。这样，在阅读原著的时候就能更轻松地领悟作者的思想精髓。

原典新释是本书的重中之重，它主要由原文、注释、译文和经典语录等知识版块组成。梳理原文，并对生僻难解的字词进行注释，同时还配有相应的译文，这些都有利于读者理解国学经典内容。此外，在每一篇文章后面都加了一个紧扣本篇内容的铭记链接知识。这样不仅能加深读者的记忆，而且还开阔了读者的视野，达到了全民阅读“品味经典，弘扬传统文化”的目的。

古韵体验，这也是当我们读完这本经典著作之后的收获和感想。我们都能领悟到作品哪些思想精髓，应该怎么做才能真正地弘扬中华传统文化，实现中华民族的伟大复兴呢？

二、原著辅导

关于教育的目的，颜之推指出：“古之学者为人，行道以利世也；今之学者为已，修身以求进也。”从这一教育目的出发，颜之推认为传统的儒学教育必须改革，培养的既不是难以应世经务的清谈家，也不是空疏无用的章句博士，而是于国家有实际效用的各方面的统治人才，它包括：朝廷之臣、文史之臣、军旅之臣、藩屏之臣、使命之臣、兴造之臣。从政治家到各种专门人才，都应培养。这些人才应专精一职，具有“应世任务”的能力，是国家实际有用的人才。

教育从严从早

颜之推认为家庭教育要及早进行，有条件的还应在儿童未出生时就实行胎教。家庭教育还应当从严入手，严与慈相结合，不能因为儿童细小而一味溺爱和放任，父母在子女面前要严肃庄重，有一定威信。他认为善于教育子女的父母，能把对子女的爱护和教育结合起来，便会收到良好的效果。相反，如果没有处理好两者关系，“无教而有爱”，让孩子任性放纵，必将铸成大错。

注重环境语言

他认为家庭教育要注意选邻择友，是因为儿童的心理处于发展阶段，尚未定型，而儿童的好奇心和模仿性都很强，总在观看模仿别人的一举一动，因此，邻友对于儿童的影响，有时甚至可能比父母的作用还大。这就是“必慎交游”的道理。在家庭教育中，子女学习正确的语言，是做父母的重要责任。一事一物、不经查考，不敢随便称呼。学习语言应注意规范，不应强调方言，要重视通用语言。他认为语言的学习应该成为儿童教育的一项重要内容。

重视道德、为人之道教育

他教育子女为实践仁义道德的准则，应不惜任何代价，以至牺牲生命。他认为立志尤为重要，士大夫子弟只有确立远大的志向、理想，才经得起任何磨难，坚持不懈，成就大业。他教育子女以实行尧舜的政治思想为志向，继承世代的家业，注重气节的培养，不以依附权贵、屈节求官为生活目标。他所强调的为人之道，首先是“厚重”（“轻薄”的反义）。他认为“自古文人，多陷轻薄”，历史上许多文人都由“轻薄”而终为败类，惨遇杀祸。他认为要吸取这个惨痛的教训，就必须养成忠君、孝顺、谦恭、礼让这些“厚重”的道德品质。

重视培养实用人才

为了培养“行道以利世”的实用人才，颜之推提倡“实学”的教育内容。他认为培养出来的人才必须“德艺同厚”。所谓“德”，即恢复儒家的传统道德教育，加强孝悌仁义的教育。所谓“艺”，即恢复儒家的经学教育并兼及“百家之书”，以及社会实际生治所需要的各种知识和技艺。值得注意的是，颜之推强调士大夫子弟要“知稼穑之艰难”，学习一些农业生产知识，这与孔子轻视农业生产的态度有所不同。颜之推提倡虚心务实的学习态度，他反对妄自尊大，骄傲浮夸的学风。颜之推指出："观天下书未遍，不得妄下雌黄。"他认为只有尽可能地扩大获取知识的范围，并把所学的知识进行比较、鉴别，才能更接近客观的真理。他提倡既要博览群书，又要接触世务，籍以培养自己的独立思考能力，所谓"博学求之，无不利于事也。"

颜之推强调学习要刻苦钻研，勤勉努力，他罗列了历史上许多动人事例，说明即使迟钝的人，只要勤学不倦，也可以达到学识精通和技艺熟练的程度。同时，他认为人的一生都要学习，应珍惜时光，他说早年学习"如日出之光"，前途无量；而"老而学者"，虽然如"秉烛夜行"，但总比"瞑目而无见"要好得多。提倡师友之间相互切磋，相互启明，认为只有在学习上好问求教与切磋交流，才能较快地增进知识而避免错误。

原典新释

Guan Dian Xin Shi

颜氏家训

卷　上

序致篇一

原文

夫圣贤之书，教人诚孝[1]，慎言检迹[2]，立身扬名[3]，亦已备矣。魏晋已来[4]，所著诸子[5]，理重事复，递相模敩[6]，犹屋下架屋、床上施床耳[7]。吾今所以复为此者，非敢轨物范世也[8]，业已整齐门内[9]，提撕子孙[10]。夫同言而信，信其所亲；同命而行，行其所服。禁童子之暴谑[11]，则师友之诫[12]，不如傅婢之指挥[13]，止凡人之斗阋[14]，则尧舜之道，不如寡妻之诲谕[15]。吾望此书为汝曹之所信[16]，犹贤于傅婢、寡妻耳[17]。

注释

①诚孝：忠孝。

②检迹：检点行为。

③立身：立业。

④已来：即“以来”。

⑤诸子：原指先秦时代如儒家的《孟子》，道家的《老子》、墨家的《墨子》、法家的《韩非子》之类。此指魏晋朝代以来的类似论著，如徐干《中论》、荀悦《申鉴》之类。

⑥敩（xiào）：通“学”。

⑦屋下架屋、床上施床：比喻重复建设而无用。

⑧轨物范世：此指为人处世作规范。

⑨业已：专门用来。

⑩提撕（sī）：本义是“拉”，引申为提醒，教诲。

⑪暴谑（xuè）：胡闹戏笑。

⑫师友：此指可以求教的良师益友。

⑬傅婢：富贵人家照管小孩的保姆。

⑭斗阋（xì）：斗殴争吵。

⑮寡妻：指妻子。谕：使理解。

⑯汝曹：你们。

⑰贤：超过。

译文

那些圣贤的书籍，教诲人们要尽忠行孝，说话要谨慎，行为要检点，建功立业名声播扬，所有这些也都已讲得很周全而齐备了。魏晋以来，所作的一些子书，道理重复而内容因袭，一个接一个互相模仿学习，这好比屋下又架屋，床上又放床了。我如今之所以要再写这部《家训》，并非敢于给大家在办事为人处世方面作什么规范，而是专门用来整顿家风，教育子孙。同样的言语，因为是所亲近的人说出的就相信；同样的命令，因为是所佩服的人发出的就执行。禁止小孩的胡闹戏笑，那师友的训诫，就不如阿姨的指挥；阻止俗人的打架争吵，那尧舜的教导，就不如妻子的劝解。我希望这《家训》能被你们所遵信，总还比阿姨、妻子的话来得贤明。

解题

序致，就是作者在开头叙说来表达他撰写家训的宗旨和目的。所谓序，是序言；致，是表达。

原文

吾家风教①，素为整密②，昔在龆龀③，便蒙诱诲。每从两兄④，晓夕温清[⑤]，规行矩步[⑥]，安辞定色，锵锵翼翼[⑦]，若朝严君焉[⑧]。赐以优言[⑨]，问所好尚[⑩]，励短引长[⑪]，莫不恳笃[⑫]。年始九岁，便丁荼蓼[⑬]，家涂离散[⑭]，百口索然[⑮]。慈兄鞠养[⑯]，苦辛备至，有仁无威，导示不切。虽读《礼》、《传》[⑰]，微爱属文[⑱]，颇为凡人之所陶染[⑲]。肆欲轻言[⑳]，不修边幅[㉑]。年十八九，少知砥砺[㉒]，习若自然，卒难洗荡[㉓]。二十已后，大过稀焉。每常心共口敌[㉔]，性与情竞[㉕]，夜觉晓非，今悔昨失，自怜无教，以至于斯。追思平昔之指[㉖]，铭肌镂骨[㉗]；非徒古书之诫，经目过耳也。故留此二十篇，以为汝曹后车耳[㉘]。

注释

①风教：门风家教。

②整密：严肃周详。

③龆龀（tiáo chèn）：本义指儿童掉乳齿，长出恒齿，引申义指童年。

④两兄：指颜之仪、颜之善两兄弟。

⑤温清（qìng）：指孝子侍奉父母。温：温被使暖，清：扇席使凉。

⑥规行矩步：指行动规矩，举止端正。规本义是圆规，矩本义是直尺，引申为规矩礼仪法则。

⑦锵锵：通“跄跄”，步履有节的样子。翼翼：恭敬的样子。

⑧严君：通常指严父，此指尊严的君王。

⑨优言：优容勉励的话。

⑩好尚：指爱好崇尚。

⑪励：通“砺”。引：发扬。

⑫笃：忠实，此指确当的意思。

⑬丁：逢上。荼蓼（tú liǎo）：本义是苦菜和野菜，此指父亲去世后家境困苦。

⑭家涂：家道。

⑮百口：大家人口，指家属。索然：萧索零落。

⑯鞠：抚养。

⑰《礼》、《传》：指《周礼》和《春秋左传》。

⑱属文：把字句联接（组合）起来做成文章，古人称为“属文”，而

不叫“作文”。

⑲陶：熏陶。染：染习。

⑳肆：放纵。轻：轻率。

㉑不修边幅：比喻不注意衣着、仪容的整洁。边幅：布帛的边缘。

㉒砥砺（dǐ lì）：本指磨刀石，引申为磨厉。

㉓卒（cù）：同“猝”，突然，短暂间。

㉔心共口敌：指内心想的和嘴里说的不一样。

㉕性与情竞：本性善与情欲恶相争斗。

㉖指：通“旨”，意旨，意愿志趣。

㉗铭肌镂（lòu）骨：形容体会深刻。铭、镂都是刻的意思。

㉘为汝曹后车：提供给你们作为鉴戒的意思。

译文

我家的教风，向来严肃周密，我回忆在童年时，就受到诱导教诲。经常跟随两位兄弟，早晚孝顺侍奉双亲，言谈谨慎举止端正，言语安详神色平和，恭敬有礼待人大方，好似朝见尊严的君王。双亲优容勉励，问我们的爱好崇尚，磨去我们的瑕疵，发扬我们的特长，都既恳切又确当。当我九岁的时候，父亲去世了，家庭陷入困境，家道衰落，人口萧条。哥哥抚养我，竭尽辛劳，他有仁爱而少威严，引导启示不那么严切。我当时虽也诵读《周礼》、《春秋左传》，但又对写文章稍有爱好，多少受到社会世人的影响。欲望放纵，言语轻率，且不修边幅。到十八九岁，才稍加磨砺，只因习惯已成自然，短时间难于洗刷干净。直到二十岁以后，大的过错才较少发生，但还经常口是心非，善性与私情相矛盾，夜晚发觉清晨的错误，今天悔恨昨天犯下的过失，自己常叹息由于缺乏教育，以至于此。回想起平生的意愿志趣，体会深刻；不比那光阅读古书上的训诫，只是经过一下眼睛耳朵而已。所以写下这二十篇文字，给你们作为鉴戒。

阅读延伸

颜回

（公元前521年4月25日辰时－公元前481年），字子渊，春秋末期鲁国曲阜人。十四岁拜孔子为师，此后终生师事之，是孔子最得意的门生。在孔门诸弟子中，孔子对他称赞最多，不仅赞其“好学”，而且还以“仁人”相许。历代文人学士对他也无不推尊有加，宋明儒者更好“寻孔、颜乐处”。自汉高帝以颜回配享孔子、祀以太牢，三国魏正始年间将此举定为制度以来，历代帝王封赠有加，无不尊奉颜子。《论语》（编集者之一）孔门十哲之一，孔门七十二贤之一尊称“复圣”。

颜回是孔子最得意的弟子，极富学问。《雍也》说他“一箪食，一瓢饮，在陋巷，人不堪其忧，回也不改其乐”。为人谦逊好学，“不迁怒，不贰过”。他异常尊重老师，对孔子无事不从无言不悦。以德行著称，孔子称赞他“贤哉回也”，”回也，其心三月不违仁（《雍也》）。不幸早死。自汉代起，颜回被列为七十二贤之首，孔庙四配之首，有时祭孔时独以颜回配享。

颜回跟随孔子周游列国，过匡地遇乱及在陈、蔡间遇险时，子路等人对孔子的学说都产生了怀疑，而颜回始终不渝，并解释道；“老师的理想很高，学问很深，所以才不被一般世人所理解、采用，这正是他们的耻辱。”孔子听了很高兴。

颜回素以德行著称。严格按照孔子关于“仁”“礼”的要求，“敏于事而慎于言”。故孔子常称赞颜回具有君子四德，即强于行义，弱于受谏，怵于待禄，慎于治身。他终生所向往的就是出现一个“君臣一心，上下和睦，丰衣足食，老少康健，四方咸服，天下安宁”的无战争、无饥饿的理想社会。

公元前481年，颜回先孔子而去世，葬于鲁城东防山前。孔子对他的早逝感到极为悲痛，不禁哀叹说；“噫！天丧予！天丧予！”

颜回一生没有做过官，也没有留下传世之作，他的只言片语，收集在

《论语》等书中，其思想与孔子的思想基本是一致的。后世尊其为“复圣”。

元文宗封颜回为兖国复圣公，明嘉靖时罢封爵，止称“复圣”。明陈镐纂清孔胤植重纂《阙里志·弟子职》：元文宗至顺元年，加赠“兖国复圣公”。《明史·礼志四》：其四配称：复圣——颜子、宗圣——曾子、述圣——子思子、亚圣——孟子。

颜回通过自己讲学授徒，传授儒学六经；通过协助孔子整理古代典籍，逐渐扩大了自己的影响，形成了儒家的一个宗派——颜氏之儒。

《韩非子·显学》指出：自孔子死后，儒分八派，“颜氏之儒”是其中的一派。后世儒学专家大多认为韩非子所说的颜氏之儒，是指颜回弟子在继承颜子思想的基础上发展起来的儒学支派。

重于立德

颜回之德是颜回留给后世最丰厚，也是最不朽的文化遗产。《左传·襄公二十四年》：“豹闻之，大上有立德，其次有立功，其次有立言。虽久不废，此之谓不朽。”颜回的不朽，在于其重立德，后世称他为“复圣”，便是对其重于立德的肯定。颜回之德的核心是“仁”，他把孔子的“仁”，落实于个人的行动中，而不是停留在口头上。颜回以其高尚的道德人格影响社会，启迪后世。

天人合一

颜回的言行体现了他善于领略天地造化的力量，尊重客观规律，顺应自然，但又重视人的能动性，守道而不移其志。颜回有入士为相的愿望，希望通过人的努力，达到“无伐善，无施劳”。在条件不成熟时，能主动退让，待时而行。“用之则行，舍之则藏”，居陋巷箪食瓢饮不改其乐，把自我化于自然之中。“同于大道”（《庄子·大宗师》），使自我行动符合客观规律。

辩证思维

事物发展到极限会走向反面，这是辩证法的观点之一。颜回从东野毕不爱惜马力推知其马将逃跑。鲁定公问何以知其马将逃跑时，颜回说：“臣以政知之。昔舜巧于使民，而造父巧于使马，舜不穷其民，造父不穷其马；是以舜无失民，造父无失马也。今东野毕之驭，上车执辔，衔体正矣；步骤驰骋，朝礼毕矣；历险致远，马力尽矣。然犹求马不已，是以知之也。”定公问：“善！可得少进乎？”颜回答：“臣闻之，鸟穷则啄，兽穷则攫，人穷则诈。自古及今，未有穷其下而无危者也。”（《荀子·哀公》）

颜回在学习和弘扬孔子所创立的儒家学说的过程中，总是殚精竭思，倾注全部心血，再加上“箪食瓢饮”的困苦生活，这种状况严重地损害了他的健康。鲁哀公十四年（公元前 481 年）夏历八月二十三日，一代儒学宗师颜子不幸病逝，给世人留下了永久的遗憾。由于他的家境十分困难，以至无力按照当时有关礼仪殡葬，最后经他的父亲颜路四处筹措，并在其弟子及同门好友的帮助下，才勉强完成了葬礼。

教子篇二

原文

上智不教而成，下愚虽教无益，中庸之人[①]，不教不知也。古者圣王，有“胎教”之法[②]，怀子三月，出居别宫，目不邪视，耳不妄听，音声滋味[③]，以礼节之。书之玉版[④]，藏诸金匮[⑤]。生子咳㖡[⑥]，师保固明孝仁礼义[⑦]，导习之矣。凡庶纵不能尔[⑧]，当及婴稚，识人颜色，知人喜怒，便加教诲，使为则为，使止则止，比及数岁[⑨]，可省笞罚[⑩]。父母威严而有慈，则子女畏慎而生孝矣。

注释

①中庸之人：普通人，除“上智、下愚”以外的平常人。

②胎教：古人认为胎儿在母体中能够受孕妇的言行的感化，所以孕妇必须谨守礼仪，给胎儿以良好的影响，叫“胎教”。

③音声：古人称音乐为音声。

④书之玉版：写在玉版上。书：写。

⑤金匮：金属制造的柜子。匮是“柜”的古字。

⑥咳㖡（hái tí）：即“孩提”，指幼儿。

⑦师保：“师”和“保”都是先秦时教育贵族子弟的官。

⑧尔：如此，这样。

⑨比：及，等到。

⑩笞（chī）：鞭打，杖击。

译文

上智的人不用教就能成才，下愚的人即使教也不起作用，只有中庸的绝大多数普通人要教育，不教就不知。古时候的圣王，有“胎教”的做法，怀孕三个月，出去住到别的好房子里，眼睛不能邪视，耳朵不能乱听，听音乐吃美味，都要按照礼义加以节制，还得把这些写到玉版上，藏进金柜里。到胎儿出生还在幼儿时，担任“师”和“保”的人，就要讲解孝、仁、礼、义，来引导学习。普通老百姓家纵使不能如此，也应在婴儿识人脸色、懂得喜怒时，就加以教导训诲，叫做就得做，叫不做就得不做，等到长大几岁，就可省免鞭打惩罚。只要父母既威严又慈爱，子女自然敬畏谨慎而有孝行了。

解题

教子，一看便知是教育子女，但如何教育子女，怎样教育子女成人及成材，则是古往今来家庭里的大问题。

原文

吾见世间无教而有爱，每不能然，饮食运为①，恣其所欲②，宜诫翻奖，应呵反笑③，至有识知④，谓法当尔。骄慢已习⑤，方复制之，捶挞至死而无威⑥，忿怒日隆而增怨⑦，逮于成长，终为败德⑧。孔子云：“少成若天性⑨，习惯如自然。”是也。俗谚曰⑩：“教妇初来，教儿婴孩。”诚哉斯语。

注释

①运为：即“云为”，行为。

②恣（zì）：任凭，放纵。

③呵（hē）：呵斥、大声喝斥。

④有识知：指懂了事。识知，即知识。

⑤骄慢：骄傲怠慢。

⑥挞（tà）：用鞭或杖打。

⑦忿（fèn）：同“愤”。

⑧败德：败坏的品德。

⑨少成：从小养成的习惯。天性：人出生就具有的本性。

⑩谚（yàn）：谚语。

译文

我见到世上那种不讲教育而只有慈爱的，常常不以为然。要吃什么，要干什么，听凭孩子开口，该训诫时反而夸奖，该呵斥时反而欢笑，等孩子懂了事时，还认为道理本来如此。到骄傲怠慢已成习惯，才去制止，那就纵使敲打得再狠毒也树立不起威严，愤怒得再厉害也只会增加怨恨，直到长大成人，终于养成败坏的品德。孔子说："从小养成的就像天性，习惯了的也就成为自然。"是很有道理的。俗谚说："教媳妇要在初来时，教儿女要在婴孩时。"这话确实有道理。

原文

凡人不能教子女者，亦非欲陷其罪恶，但重于呵怒伤其颜色①，不忍楚挞惨其肌肤耳②。当以疾病为谕，安得不用汤药针艾救之哉③？又宜思勤督训者，可愿苛虐于骨肉乎④？诚不得已也！

……

父子之严，不可以狎⑤；骨肉之爱，不可以简⑥。简则慈孝不接⑦，狎则怠慢生焉⑧。

注释

①重：难，不愿意。颜色：脸色，神色。

②楚：古代用的刑杖叫楚，引申为用刑杖打人。

③针艾：针灸（jiǔ），针灸用针刺，用艾熏灼。

④骨肉：旧时习惯把子女说成是父母的亲骨肉。

⑤狎（xiá）：因亲近而极度不庄重。

⑥简：简慢。

⑦慈孝不接：父要慈，子要孝，慈孝不接，是说慈和孝不能会合，也就是慈和孝都做不好。接：会合。

⑧怠（dài）：懈怠。

译文

普通人不能教育好子女，也并非要把子女推进罪恶的泥坑，只是不愿意使他因呵斥而神色沮丧，不忍心使他因挨打而肌肤痛苦。这该用生病来作比喻，岂能不用汤药、针艾来救治吗？还该想一想那认真督促训诫的，难道愿意对亲骨肉刻薄凌虐吗？实在是不得已啊！

……

父子之间要讲严肃，而不可以轻忽；骨肉之间要有爱，但不可以简慢。简慢了就慈孝都做不好，轻忽了怠慢就会产生。

原文

人之爱子，罕亦能均，自古及今，此弊多矣。贤俊者自可赏爱，顽鲁者亦当矜怜①。有偏宠者，虽欲以厚之，更所以祸之。……

齐朝有一士大夫②，尝谓吾曰："我有一儿，年已十七，颇晓书疏③，教其鲜卑语及弹琵琶④，稍欲通解，以此伏事公卿，无不宠爱，亦要事也。"吾时俯而不答。异哉，此人之教子也！若由此业自致卿相，亦不愿汝曹为之。

注释

①顽鲁：愚笨。矜（jīn）：同情。

②齐朝：指北齐朝代。

③书疏：奏疏、信札之类。

④鲜卑语：自北魏以来北朝的大臣显贵多系鲜卑族，所以当时有些人因懂鲜卑语能和达官显贵们接近而自鸣得意。弹琵琶：琵琶当时是中亚流行的乐器，在北齐，中亚的乐舞颇受显贵们欢迎，因而会弹琵琶也就成为时髦的特长。

译文

人们爱孩子，很少能做到公平，从古到今，存在这种毛病的可多得很。其实俊秀的固然引人喜爱，愚笨的也应该加以怜悯。那种有偏爱的家长，即使是想对他好，却反而会给他招祸殃。……

北齐有个士大夫，曾对我说："我有个儿子，已有十七岁，很会写奏札，教他讲鲜卑语、弹奏琵琶，差不多都学会了，凭这些来服侍三公九卿，再没有不被宠爱的，这也是紧要的事情。"我当时低头没有回答。奇怪啊，这样教育儿子！如果用这种办法当梯子，做到卿相，我也不愿让你们去干的。

阅读延伸

颜回的孙子

颜斐

颜斐："复圣"颜子的第23世孙，颜敫之子，颜盛的长兄，名儒颜之推的先祖。字文林，济北人，黄初年间任京兆太守，劝课农桑，兴建教育，风化大行，吏不烦民，民不求吏。后迁为平原太守，吏民啼泣遮道，车不得前，十余日才到达边界。

颜斐，字文林，是一个有才学的人。丞相召他做太子洗马，黄初初年转为黄门侍郎，后来成为京兆太守．一开始，京兆这个地方自从被马超攻破后，百姓大多不专心于务农，马超又让这些人上缴二千石粮食，只为了解决目前所需求的，也不为百姓作久远计划。颜斐到任后，就让下属的县修整田亩，种桑树果树。当时百姓大多没有车牛。斐又督促百姓每隔一个月砍伐做车的材料，让他们转而找工匠造车。又督促没有牛的百姓，让他们养猪狗，卖了得以买牛。一开始百姓觉得烦，结果过了一二年，家家有了丁车、大牛。又兴办文学，听任想读书的官吏百姓，恢复他们的徭役。又在府下开菜园，让官吏仆役吏役间或管理一下。又督促应当交租的百姓各个在车牛上顺便带给他柴禾两捆，作为冬天寒冷时烤笔砚的用途。于是风化大力推行起来，官吏不烦扰百姓，百姓也不求官吏。京兆与冯翊、扶风两地接壤，二郡道路又脏又堵塞，田地又荒芜，百姓饥寒交迫，而京兆地方都整顿开明，物产之丰富经常成为雍州十郡之最。颜斐自己又清明，生活仅仅依靠俸禄而已，于是官吏百姓害怕他转到别地去作官。

后来几年，他转为平原太守，官吏百姓拦住道路哭泣，他的马车都不得前进，步步稽留，十余日才出京兆地方，向东走到崤这个地方，却病重。颜斐平素心里留恋京兆，他的家人和跟随的人见他病得厉害，劝他，说道："您应当自己勉励自己恢复身体。（以地方名称呼地方官，所以这里称他为平原）"颜斐回答："我心里不愿当平原的地方官，你这些人称呼我，何不说京兆呢?"后来他死了，尸体回到平原。京兆人听说这件事，都为他哭泣，为他立碑，到现在仍称颂他。

颜盛

字书台（叔台），一字书震，复圣颜子第 23 世孙，汉尚书郎，青、徐二州刺史，关内侯。娶沛国刘氏，始自鲁国徙居琅琊临沂，代传孝恭，因号其为孝悌里。故葬临沂县西七里。宋元佑年七年，诏禁樵采。

他被尊奉为琅琊颜氏的始祖。

兄弟篇三

原文

夫有人民而后有夫妇，有夫妇而后有父子，有父子而后有兄弟，一家之亲，此三而已矣。自兹以往，至于九族①，皆本于三亲焉，故于人伦为重者也，不可不笃②。

注释

①九族：九代。从自身算起，加上父、祖、曾祖、高祖，以下的子、孙、曾孙、玄孙一共九代叫九族。

②笃：诚实，这里是认真对待的意思。

译文

有了人群而后有夫妻，有了夫妻而后有父子，有了父子而后有兄弟，一个家庭里的亲人，就有这三种关系。由此类推，直推到九族，都是原本于这三种亲属关系，所以在人伦中极为重要，不能不认真对待。

解题

从前，不讲计划生育的时候，一对夫妻往往会生好几个孩子，在古代封建社会里讲什么“多子多福”、“五男二女”等等，所以兄弟姊妹多，因而兄弟之间如何相处得好，自然也就成为《家训》里的一个重要内容。今天看来对于朋友之间如何相处，这里所说的某些道理仍可借鉴。

原文

兄弟者，分形连气之人也①。方其幼也，父母左提右挈②，前襟后裾[3]，食则同案[4]，衣则传服[5]，学则连业[6]，游则共方[7]，虽有悖乱之人[8]，不能不相爱也。及其壮也[9]，各妻其妻，各子其子，虽有笃厚之人，不能不少衰也。娣姒之比兄弟[10]，则疏薄矣[11]。今使疏薄之人，而节量亲厚之恩[12]，犹方底而圆盖，必不合矣。惟友悌深至[13]，不为旁人之所移者免夫[14]！

注释

①分形连气：指兄弟形体分开而气质相连的意思。

②挈（qiè）：提携。

③襟：古人穿长衣的前幅叫襟。

④案：类似桌子的木制品。

⑤传服：衣服老大穿新、老二穿旧、老三接着穿，故称。

⑥连业：指兄弟共用一个课本。业，先秦时代本指书写经典的大版，相当今课本。

⑦共方：去同一个地方。

⑧悖乱：荒谬乱来。

⑨壮：古人以30岁称壮。

⑩娣姒（dì sì）：古人称兄妻为娣，弟妻为姒，后来也称为“妯娌”。

⑪疏：疏远。薄：淡薄，欠亲密。

⑫节量：节制度量。

⑬友悌：友爱兄弟和敬爱兄长。

⑭旁人：此指妻子。

译文

兄弟，是形体虽分而气质相连的人。当他们幼小的时候，父母左手牵右手携，拉前襟扯后裙，吃饭同桌，衣服递穿，学习用同一册课本，游玩去同一处地方，即使有荒谬胡乱来的，也不可能不相友爱。等到进入壮年时期，各有各的妻，各有各的子，即使是诚实厚道的，感情上也不可能不打折扣。至于妯娌比起兄弟来，就更疏远而欠亲密了。如今让这种疏远欠亲密的人，来掌握亲厚不亲厚的节制度量，就好比那方的底座要加个圆盖，必然是合不拢了。这种情况只有十分敬爱兄长和仁爱兄弟，不被妻子所动摇的才能避免出现啊！

原文

二亲既殁①，兄弟相顾，当如形之与影，声之与响②，爱先人之遗体③，惜己身之分气④，非兄弟何念哉？兄弟之际，异于他人，望深则易怨⑤，地亲则易弭⑥。譬犹居室，一穴则塞之，一隙则涂之，则无颓毁之虑；如雀鼠之不恤⑦，风雨之不防，壁陷楹沦⑧，无可救矣。仆妾之为雀鼠，妻子之为风雨，甚哉！

注释

①殁（mò）：死亡。

②响：回声。

③先人：指去世的父母。遗体：死者的躯体。

④己身之分气：指兄弟，自身和兄弟是同气所分。

⑤望深：要求过高。

⑥弭（mǐ）：消除隔阂。

⑦雀鼠：这里把雀和鼠作为毁坏居室的代表动物。

⑧楹：厅堂前的柱子。沦：本是没落，此作摧折。

译文

双亲已经去世，留下兄弟相对，应当既像形和影，又像声和响，爱护先人的遗体，顾惜自身的分气，除了兄弟还能挂念谁呢？兄弟之间，与他人可不一样，要求高就容易产生埋怨，而关系亲就容易消除隔阂。譬如住的房屋，出现了一个漏洞就堵塞，出现了一条细缝就填补，那就不会有倒塌的危险；假如有了雀鼠也不忧虑，刮风下雨也不防御，那么就会墙崩柱摧，无从挽回了。仆妾比那雀鼠，妻子比那风雨，怕还更厉害些吧！

原文

兄弟不睦①，则子侄不爱；子侄不爱，则群从疏薄②；群从疏薄，则僮仆为仇敌矣。如此，则行路皆躇其面而蹈其心[3]，谁救之哉？人或交天下之士皆有欢爱而失敬于兄者，何其能多而不能少也[4]；人或将数万之师得其死力而失恩于弟者，何其能疏而不能亲也[5]！

注释

①睦：和睦。

②群从（zòng）：族里的子侄辈份的人。

③行路：过路的陌生人。躇（jí）：践踏。蹈（dǎo）：踩上。

④能多：指能交“天下之士”为数多。不能少：兄为数少。

⑤能疏：能与外人交好。不能亲：指“失恩于弟”，不能与亲人相友爱。

译文

兄弟若不和睦，子侄就不相爱；子侄若不相爱，族里的子侄辈就疏远欠亲密；族里的子侄辈疏远不亲密，那僮仆就成仇敌了。这样，即使走在路上的陌生人都会踏他的脸踩他的心，那还有谁来救他呢？世人中有的能结交天下之士并做到友爱、却对兄长不尊敬，怎么能这样与众人亲而不能与一个人友爱，做到多而不能对待少啊；世人中又有能统率几万大军并得其死力，却对弟弟不恩爱，怎么能这样交好外人而不能与亲人相友爱！

原文

娣姒者，多争之地也。使骨肉居之[1]，亦不若各归四海[2]，感霜露而相思[3]，伫日月之相望也[4]。况以行路之人[5]，处多争之地，能无间者鲜矣[6]。所以然者，以其当公务而执私情[7]，处重责而怀薄义也。若能恕己而行[8]，换子而抚，则此患不生矣。

人之事兄，不可同于事父，何怨爱弟不及爱子乎[9]？是反照而不明也[10]！……

注释

①骨肉居之：指亲姊妹成为妯娌的。

②各归四海：比喻离得远一些。

③感霜露而相思：据《诗经》："蒹葭苍苍，白露为霜，所谓伊人，在水一方。"

④伫（zhù）：久立而等待。

⑤行路之人：指做妯娌的本来素不相识，等于行路的陌生人。

⑥间（jiàn）：本义空隙，引申为嫌隙。

⑦当公务：指兄弟同住在一起的大家庭办事。执私情：指妯娌各顾自己的小家室。

⑧恕：宽恕，原谅。

⑨怨爱弟不及爱子：这是指为弟的怨兄爱弟比不上爱子。

⑩反照：对着镜子照看，是指把"事兄不同事父"和"爱弟不及爱子"对照着看。

译文

妯娌之间，纠纷最多。即使骨肉亲姐妹成为妯娌，也不如距离得远一点，好感受霜露而相思，等待日子来相会。何况本如走在路上的陌生人，却处在多纠纷之地，能做到不生嫌隙的实在太少了。所以会这样，是因为办的是大家庭的公事，却都要顾自己的私利，担子虽重却少讲道义。如果能使自己宽恕原谅对方，把对方的孩子像自己的那样爱抚，那这类灾祸就不会发生了。

人在侍奉兄长时，不应等同于侍奉父亲，那为什么埋怨兄长爱弟弟时不如爱儿子呢？这就是没有把这两件事对照起来看明白啊！……

阅读延伸

颜含

颜含：字弘都，琅邪（今山东临沂）人。

晋惠帝时，太傅东海王司马越以他为参军，出补闾阳令。

晋元帝镇下邳，复为参军；及渡江，任命他为上虞令，转王国郎中、丞相东阁祭酒，出为东阳太守，补太子中庶子。

晋明帝时，迁黄门侍郎、本州大中正，历散骑常侍大司农。

晋成帝时，因讨苏峻功，封西平县侯，拜侍中，除国子祭酒，加散骑常侍，迁右光禄大夫光禄勋。

以年老致仕，后二十余年卒，年九十三，谥曰靖。

少以孝闻

颜含少时，以孝悌闻名乡里。其兄颜畿有病，死于医家，家里人迎丧，在回来的路上，忽然招魂旗缠树不开、领丧人跌倒在地，口称畿言说："我命不该死，只是服药太多，伤害了五脏，还能复活，千万别埋葬我呀！"家里人都想打开棺材看看，颜默不许。当时颜含还很小，慨然对父母说："不寻常的事，古来有之，开与不开棺材，痛苦一样大，为什么不打开看看?"父母见他说的有道理，令人开棺，果真有气息微存。颜畿长期卧床不能言语，家人侍养都生倦色，颜含却绝弃一切事务，辛勤侍护，数年如一日。他对哥哥这种友好，古代叫"悌"。江南富豪石崇听说了，非常敬佩，特赠"甘旨"以表敬意。

颜畿死后，颜含的二嫂樊氏患病失明，为治疗嫂子的眼病，颜含费尽心机，备受煎熬，终于治愈。为了侍养父母兄弟，颜含十几年足不出户。

为官勤闵

汉代以后推行"举孝廉"做官制度，颜含孝悌出名，本州推举他当官，不去上任。一直等到父母、两兄全部去世，才走出家门到东海王司马越处作太傅参军，后出补开阳令。司马炎镇守下邳（今江苏邳州），命他为参军。公元307年随司马炎过江，居住南京，屡任要职。曾被委为吴郡太守，宰相王导问他上任后先干什么，颜含回答说："国家年年打仗，民不聊生，户口减少，南北富豪互相竞争游民，搞得国家穷困，个人暴富。这是掌权人的忧虑啊！应当把游民从有钱人家征出，使他们回到自己的家园和土地上去。不要几年，就会户给人足，礼乐恢复。"虽因故未到任，但其言切中时弊，王导甚为敬服，此后，又任侍中、国子祭酒、加散骑常侍、迁升光禄勋。退休时，晋成帝赞扬他的品行，特加右光禄大夫，门施行马，赐床帐被褥，并派朝官四时致膳，他都一一谢绝。

刚正不阿

他为人正直，不媚权贵。王导是皇帝的老师，名位隆重，满朝大臣认为应该降礼，派人争取颜含意见，含说："王公虽重，礼无偏敬，降礼之言，是你们的事，我老了，不识时务！"随后对别人说："我听说讨伐一个国家不问仁人，有人问佞于我，难道我有邪德吗？"他拒绝强权人物桓温的通婚要求，说他盛满之后会走下坡路，故不能联姻。有人请他评论江南群士优劣，他回答说："除了周伯仁正义，邓伯道清廉，卞望之气节，剩下的吾不知也。"表示对现实人物胡吹海煽行为的蔑视。

高节流芳

颜含注重行实，反对浮伪，生前留下遗嘱：死后素棺薄殓。反对当时套棺厚葬，挥霍浪费的恶劣风气。

颜含去世后，由江夏人李阐撰碑文述其生平，曾孙颜延之作铭。400多年后，颜含十四世孙颜真卿罢抚州刺史，途经南京，为颜含重新立《颜含大宗碑》。

1958年，南京颜氏墓群发掘，陪葬物尽是石制物品和砚台，不见金银饰物，足以证明颜含制定的家训"正、清、节"名不虚传。

颜含侍疾

晋朝时候。有个姓颜名含的人。表字宏都。他的哥哥就叫颜畿 。生了病。已经死去了。忽然又活转来。有好几个月不能说话。颜含就屏绝了一切人事。亲自侍养着哥哥。连门外也不走出去。这样的足足有十三年。他的第二个嫂嫂樊氏。生了病。眼睛瞎了。请了医生来给他开了一张方。要蚺蛇的胆来做药。寻来寻去。总是寻不到蚺蛇的胆。颜含的心里非常忧闷。这样忧闷了好许多日子。在有一天白天里。他独自一个人坐着。忽然有一个穿青衣的童子。把一只青袋给了他。他把青袋打开来一看。原来正是访求不着的蚺蛇胆。那个青衣童子走出门口。就变化了一只青鸟飞去了。他嫂嫂的眼睛才得亮了。颜含后来做了侍中的官。

后娶篇四

原文

吉甫，贤父也。伯奇，孝子也。以贤父御孝子，合得终于天性，而后妻间之，伯奇遂放[①]。曾参妇死[②]，谓其子曰：“吾不及吉甫，汝不及伯奇。”王骏丧妻[③]，亦谓人曰：“我不及曾参，子不如华、元[④]。”并终身不娶。此等足以为诫。其后假继惨虐孤遗[⑤]，离间骨肉[⑥]，伤心断肠者何可胜数[⑦]。慎之哉！慎之哉！

注释

①吉甫：尹吉甫是周宣王时大臣，伯奇是他的儿子，传说伯奇母死，尹吉甫娶后妻不贤，对尹吉甫说：“伯奇见妾美，有邪念。”尹吉甫不信，这后妻就弄个蜂放在衣领上，叫伯奇替她捉，尹吉甫远看误认为伯奇行动不轨，把他放逐出去。见《琴操·履霜操》。

②曾参（shēn）：春秋末年人，孔子的学生，以孝著称。

③王骏：西汉成帝时大臣，传附见《汉书·王吉传》。

④华、元：曾华、曾元，曾参的二个儿子。

⑤假继：假母、继母，都是后母的意思。孤遗：前妻留下的孩子，因为已失去生母，所以也可称“孤”。

⑥离间骨肉：指后母挑拨前妻之子和其生父使之不睦。

⑦断肠：形容极其悲痛。胜（shēng）数：数得清。

译文

吉甫，是贤父。伯奇，是孝子。以贤父来对待孝子，应该是能够一直保有父与子之间慈孝的天性，但是由于后妻的挑拨离间，儿子伯奇就被放逐。曾参的妻死去，他对儿子说：“我比不上吉甫，你也比不上伯奇。”王骏的妻死去，他也对人说："我比不上曾参，我的儿子比不上曾华、曾元。"曾参与王骏两位后来都终身没有再娶。这些事例都足以引为鉴诫。后世那些做后母的虐待孤儿，离间前妻之子和其生父的骨肉之情，弄得伤心断肠的多得数不清。对此要小心啊！对此要小心啊！

解题

古代封建社会奉行夫权思想，男子妻亡后可以再娶，即所谓"后娶"。再婚后如何对待非亲生子女等问题就出现了。

原文

江左不讳庶孽①，丧室之后②，多以妾媵终家事③。疥癣蚊妄④，或未能免；限以大分⑤，故稀斗阋之耻⑥。河北鄙于侧出⑦，不预人流⑧，是以必须重娶，至于三四，母年有少于子者。后母之弟与前妇之兄⑨，衣服饮食爰及婚宦⑩，至于士庶贵贱之隔⑪，俗以为常。

注释

①江左：江东。庶孽：旧时指小老婆所生之子。

②室：家室，大老婆主持家室，故把大老婆称为室。

③妾媵（yìng）：春秋时诸侯之女出嫁，必须有宗室之妹及侄女等陪嫁，叫妾媵，也叫媵。后来广义的妾媵则成为大老婆以外婢妾等的通称。

④虻：吸家畜血的小昆虫，和蚊虽都有害但终不成大殃。这里比喻无关紧要容易处理好的细小纠纷。

⑤大分（fèn）：重大的名分，这里指大老婆与小老婆名分不同。"分"，即名分。

⑥耻：指可耻的太不像话的事情。

⑦侧出：即庶生，指小老婆所生之子。

⑧预；参预，进入。人流：指有身份的人之行列。

⑨后母之弟：后母所生之子，对前母所生之子来说是弟。

⑩爰及：以及。婚宦：婚姻和做官。

⑪士庶：士族和庶族。当时士族和庶族不能通婚。

译文

江东不避忌庶妾，大老婆死了以后，多由小老婆把家事接管下去。细小的纠纷，有时本来未能免除；但限于名分，打架争吵等太不像话的事情就很少见。河北鄙视小老婆，不让小老婆进入有身份人的行列，所以必须妻亡重娶，甚至重娶三四次，这样，后母年龄有时比大的儿子还小。后母生的孩子（弟弟）和前妻生的孩子（兄长），在衣服饮食以及婚姻仕宦做官上的差异，甚至会有士庶贵贱之间隔，而世俗对此现象习以为常。

原文

身没之后①，辞讼盈公门②，谤辱彰道路③，子诬母为妾④，弟黜兄为佣⑤，播扬先人之辞迹⑥，暴露祖考之长短⑦，以求直己者⑧，往往而有，悲夫！自古奸臣佞妾⑨，以一言陷人者众矣，况夫妇之义⑩，晓夕移之⑪，婢仆求容⑫，助相说引⑬，积年累月⑭，安有孝子乎？此不可不畏。

注释

①没：通“殁”，死亡。

②辞讼：也作“词讼”，诉讼。公门：衙门、官署。

③彰：昭彰。公开。

④子：此指前妻之子。母：此指后母。

⑤弟：此指后母之子。黜（chù）：贬斥。兄：此指前妻之子。佣：佣保；雇佣的仆役。

⑥辞：言语。迹：字迹。

⑦祖考：已去世之父叫考，祖考：指已去世之祖。长短：是非，好坏。

⑧直己：使自己有理。

⑨佞（nìng）：用花言巧语谄媚他人。

⑩义：情义。

⑪移：改变，动摇。

⑫容：欢悦。

⑬说（shuì）：劝说别人使别人相信自己的话。引：引诱。

⑭积年累月：指日子过久了。

译文

到本人死亡之后，家里的人为诉讼跑穿了公门，把诽谤污辱的言语嚷到大路上，前妻之子诬蔑后母为小老婆，后母之子贬斥前妻之子为仆役。宣扬先人的言词字迹，暴露祖考的是非好坏，使自己变得很有道理似的，经常可以见到，真可悲啊！从古以来的奸臣佞妾，用一句话来害人的多得很呢。何况凭夫妇的情义，早晚想办法来改变男人的心意，而婢仆为了讨主子的欢心，帮着劝说引诱，日子一久，怎么还有孝子呢？对此不可以不畏惧。

原文

凡庸之性，后夫多宠前夫之孤①，后妻必虐前妻之子。非唯妇人怀嫉妒之情②，丈夫有沉惑之僻③，亦事势使之然也。前夫之孤，不敢与我子争家，提携鞠养，积习生爱④，故宠之；前妻之子，每居己生之上，宦学婚嫁⑤，莫不为防焉，故虐之。异姓宠则父母被怨⑥，继亲虐则兄弟为仇⑦，家有此者，皆门户之祸也⑧。

注释

①后夫：妇女再婚的新夫叫后夫。

②嫉（jí）妒：妒忌。

③沉惑：沉迷，此指丈夫沉迷于妻的美色。僻：邪僻，不正的行为。

④积习：天长日久相承的习惯。

⑤宦学：指做官与学业。

⑥异姓：指前夫之子姓不同后夫。

⑦继亲：指继母，即后母。

⑧门户：家门，家庭。

译文

一般平庸人的习性，后夫多数宠爱前夫的孤儿，后妻必定虐待前妻的孩子。这不仅因为妇人心怀妒忌，丈夫沉迷女色，也是事态促使如此。前夫的孤儿，不敢和我的孩子争夺家业，将他提携抚养，天长日久自然生爱，因而宠爱他；前妻的孩子，常常居于自己所生孩子之上，无论学业做官婚姻嫁娶，没有不需防范的，因而虐待他。异姓之子受宠则父母遭怨恨，后母虐待前妻之子则兄弟成仇敌，家庭里发生这类事情，都是门户的祸殃。

阅读延伸

颜延之

（384～456年），字延年，南朝宋文学家。祖籍琅邪临沂（今山东临沂）。曾祖含，右光禄大夫。祖约，零陵太守。父显，护军司马。少孤贫，居陋室，好读书，无所不览，文章之美，冠绝当时，与谢灵运并称“颜谢”。嗜酒，不护细行，年三十犹未婚娶。

东晋末，官江州刺史刘柳后军功曹，转主簿，历豫章公刘裕世子参军。刘裕代晋建宋，官太子舍人。宋少帝时，以正员郎兼中书郎，出为始安太守。宋文帝时，征为中书侍郎，转太子中庶子，领步兵校尉。后为秘书监，光禄勋，太常。刘劭弑立，以之为光禄大夫。宋孝武帝即位，为金紫光禄大夫，领湘东王师，后世称其“颜光禄”。长子颜竣从孝武帝讨灭刘劭，权倾一朝。凡是颜竣所资供之物，延之一无所受，器服不改，宅宇如旧。曾经对颜竣说：“平生不喜见要人，今不幸见汝。”孝建三年，卒，时年七十三。追赠散骑常侍、特进，金紫光禄大夫如故。谥曰宪子。延之性褊激，兼有酒过，肆意直言，曾无回隐，世人呼之“颜彪”。

颜延之和陶渊明私交甚笃。在颜延之江州任后军功曹时，二人过从甚密；其后延之出任始安太守，路经浔阳，又与陶渊明在一起饮酒，临行并以两万钱相赠。陶渊明死后，他还写了《陶徵士诔》。

颜延之在当时的诗坛上声望很高，和谢灵运齐名，并称“颜谢”。但实际上，他的成就似乎不如谢灵运。他的诗凝炼规整，喜用典故，堆砌辞藻，往往缺乏生动的情致。汤惠休说他的诗“如错采镂金”（见《诗品》），钟嵘也说他“喜用古事，弥见拘束”。其诗存世者不少而可观者不多，较为人们所称道的是《五君咏》五首，是他在被出为永嘉太守时所作。称述竹林七贤中的“五君”，“五君”即嵇康、向秀、刘伶、阮籍、阮咸，而山涛、王戎因为贵显而不咏，借五位古人抒发自己的不平，体现了他性格中正直放达的一面，比别的作品要显得清朗。《北使洛》、《还至梁城作》，感慨中原残破，象“阴风振凉野，飞云瞀穷天。临涂未及引，置酒惨无言”；“故国多乔木，空城凝寒云；丘垄填郛郭，铭灭无文；木石扃幽闼，黍苗延高坟”等句，感情也比较真实。他的《赭白马赋》，虽属奉诏而作，但如“旦刷幽燕，昼秣荆越”之句，描写骏马奔驰之速，对后来许多咏马诗都曾产生过影响。

《隋书》称有文集二十五卷，两《唐书》作三十卷，佚。明代张溥辑有《颜光禄集》，收在《汉魏六朝百三家集》中。

治家篇五

原文

夫风化者①，自上而行于下者也，自先而施于后者也。是以父不慈则子不孝，兄不友则弟不恭，夫不义则妇不顺矣。父慈而子逆，兄友而弟傲②，夫义而妇陵③，则天之凶民，乃刑戮之所摄④，非训导之所移也。

注释

①风化：指教育感化。

②傲：傲慢，轻慢。

③陵：以下侮上。

④戮（lù）：杀。摄：通“慑”，使之害怕。

译文

教育感化这件事，是从上向下推行的，是从先向后施行影响的。所以父不慈就子不孝，兄不友爱就弟不恭敬，夫不仁义就妇不温顺了。至于父虽慈而子要逆，兄虽友爱而弟要傲慢，夫虽仁义而妇要欺侮，那就是天生的凶恶之人，要用刑罚杀戮来使他畏惧，而不是用训诲诱导能改变的了。

解题

怎样把家管理好，从古到今都重视。春秋战国时期的曾参在《大学》里提出：“齐家治国平天下。”颜之推在《治家篇》里提出：“施而不奢，俭而不吝。”应宽猛结合，不应让夫人干政，不应杀害女婴，不应买卖婚姻，不应损坏书籍，不应相信巫术等等。

原文

笞怒废于家[①]，则竖子之过立见[②]；刑罚不中，则民无所措手足[③]。治家之宽猛，亦犹国焉。

孔子曰[④]：“奢则不孙[⑤]，俭则固[⑥]。与其不孙也，宁固。”又云[⑦]：“如有周公之才之美[⑧]，使骄且吝，其余不足观也已[⑨]。”然则可俭而不可吝已。俭者，省约为礼之谓也；吝者，穷急不恤之谓也。今有施则奢，俭则吝。如能施而不奢，俭而不吝，可矣。

注释

①废：不用。

②竖（shù）子：童仆。

③中（zhòng）：合适，确当。措：安放。

④孔子曰：此句见于《论语·述而》。

⑤孙：同“逊”，逊让。

⑥固：固陋，见识短浅。

⑦又云：此句见于《论语·泰伯》。

⑧周公：周武王之弟周公旦，辅佐周成王灭掉殷商残余势力，相传是位多才多艺的贤人。

⑨其余：指骄和吝以外的那点才。不足观：不值得称道。已：通“矣”，相当语气词“了”。

译文

家里没有人发怒、不用鞭打，那童仆的过错就会马上出现；刑罚用得不确当，那老百姓就无所措其手足。治家的宽和猛，也好比治国一样。

孔子说：“奢侈了就不逊让，节俭了就固陋。与其不逊让，宁可固陋。”又说：“如果有周公那样的才那样的美，但只要他既骄且吝，余下的也就不足观了。”这样说来是可以俭省而不可以吝啬了。俭省，是合乎礼的节省；吝啬，是对困难危急也不体恤。当今常有讲施舍就成为奢侈，讲节俭就进入到吝啬。如果能够做到施舍而不奢侈，俭省而不吝啬，那就很好了。

原文

生民之本[①]，要当稼穑而食[②]，桑麻以衣[③]。蔬果之畜，园场之所产；鸡豚之善[④]，埘圈之所生[⑤]。爰及栋宇器械[⑥]，樵苏脂烛[⑦]，莫非种殖之物也[⑧]。至能守其业者，闭门而为生之具以足[⑨]，但家无盐井耳[⑩]。今北土风俗，率能躬俭节用，以赡衣食[⑪]。江南奢侈[⑫]，多不逮焉。

注释

①生民：人民。

②稼：播种庄稼。穑（sè）：收获谷物。

③桑麻以衣：古代种桑养蚕织绢供富家做衣，普通人做衣服是种麻织麻布。明朝才用棉花布做衣服。

④豚（tún）：小猪。善：通“膳”。

⑤埘（shí）：墙壁上挖洞做成的鸡窠。圈（juàn）：猪或羊的畜栏。

⑥栋宇：本指房屋的正梁，此指房屋。

⑦樵苏：本指打柴割草，此指柴草。

⑧殖：通“植”。

⑨为生之具：生活必须的东西。

⑩盐井：是说“家无盐井”，即不能产盐之意。

⑪赡（shàn）：供给。

⑫江南：江左，长江以南的泛称。

译文

人民生活最根本的事情，是要播收谷物而食，种植桑麻而衣。所贮藏的蔬菜果品，是果园场圃之所出产；所充膳的鸡猪，是鸡窝猪圈之所畜养。还有那房屋器具，柴草蜡烛，没有不是靠种植的东西来制造的。那种能保守家业的，可以关上门而生活必需品都够用，只是家里没有口盐井而已。如今北方的风俗，都能做到省俭节用，温饱就满意了。江南一带地方奢侈，多数比不上北方。

原文

世间名士①，但务宽仁，至于饮食饷馈②，僮仆减损，施惠然诺，妻子节量，狎侮宾客③，侵耗乡党④，此亦为家之巨蠹矣⑤。

……

裴子野有疏亲故属饥寒不能自济者⑥，皆收养之。家素清贫，时逢水旱，二石米为薄粥⑦，仅得遍焉，躬自同之，常无厌色。邺下有一领军⑧，贪积已甚，家童八百，誓满一千，朝夕每人肴膳⑨，以十五钱为率⑩，遇有客旅⑪，更无以兼。后坐事伏法⑫，籍其家产⑬，麻鞋一屋，弊衣数库，其余财宝，不可胜言。南阳有人⑭，为生奥博⑮，性殊俭吝。冬至后女婿谒之⑯，乃设一铜瓯酒⑰，数脔獐肉⑱，婿恨其单率⑲，一举尽之，主人愕然⑳，俯仰命益㉑，如此者再，退而责其女曰："某郎好酒㉒，故汝常贫。"及其死后，诸子争财，兄遂杀弟。

妇主中馈㉓，惟事酒食衣服之礼耳㉔，国不可使预政，家不可使干蛊㉕。如有聪明才智，识达古今，正当辅佐君子㉖，助其不足。必无牝鸡晨鸣㉗，以致祸也。

注释

①名士：知名的文人。

②饷：用食物招待。馈：用食物赠送。

③宾客：客人，也指食客。

④侵耗：侵蚀损耗。乡党：乡邻。

⑤蠹（dù）：本指蛀虫，引申为侵蚀国与家的人和事。

⑥裴子野：南朝萧梁文士，以孝行著称。

⑦石：容量单位，十斗为一石。

⑧邺下：指邺，在今河南临漳，北齐的都城。

⑨肴（yáo）膳：此通指饭菜。

⑩率（lǜ）：标准。

⑪客旅：前来投靠或路过的宾客。

⑫坐事：因事，指因事被判罪的事。伏法：因犯法被处死刑。

⑬籍：即籍没，登记并没收财产。

⑭南阳：当时郡名，治所宛县，即今河南南阳。

⑮奥博：深藏广蓄。

⑯冬至：农历二十四节气之一。

⑰瓯：瓦器，此指酒器。

⑱脔（luán）：切成块的肉。獐（zhāng）：鹿科动物，其肉可食。

⑲单率：单薄简率，不丰盛。

⑳主人：指这个南阳人。愕（è）然：突然一惊。

㉑俯仰：随宜应付。

㉒郎：旧时称富家男青年。相当后来的“少爷”。

㉓中馈：家中饮食之事。

㉔事：从事。

㉕干蛊（gǔ）：只是干事情的意思。

㉖君子：此指妇女的丈夫。

㉗牝（pìn）：母鸡晨鸣。含不祥之兆之意。牝鸡，即母鸡。

译文

世上的名士，但图宽厚仁爱，却弄得待客馈送的饮食，被僮仆减损，允诺资助的东西，被妻子克扣，轻侮宾客，刻薄乡邻，这也是治家的大祸害。

……

裴子野有远亲故旧饥寒无力自救的，都收养下来。家里一向清贫，有时遇上水旱灾，用二石米煮成稀粥，勉强让大家都吃上，自己也亲自和大家一起吃，从没有厌倦。京城邺下有个领军大将军，贪欲积聚得实在够狠，家僮已有了八百人，还发誓凑满一千，早晚每人的饭菜，以十五文钱为标准，遇到客人来，也不增加一些。后来犯事处死，籍册没收家产，麻鞋有一屋子，旧衣藏几个库，其余的财宝，更多得说不完。

南阳地方有个人，深藏广蓄，性极吝啬，冬至后女婿来看他，他只给准备了一铜瓯的酒，还有几块獐子肉，女婿嫌太简单，一下子就吃尽喝光了。这个人很吃惊，只好勉强对付添上一点，这样添过几次，回头责怪女儿说："某郎太爱喝酒，才弄得你老是贫穷。"等到他死后，几个儿子为争夺遗产，因而发生了兄杀弟的事情。

妇女主持家中饮食之事，只从事酒食衣服并做得合礼而已，国不能让她过问大政，家不能让她干办正事。如果真有聪明才智，见识通达古今，也只应辅佐丈夫，对他达不到的做点帮助。一定不要母鸡晨鸣，招致祸殃。

原文

江东妇女，略无交游，其婚姻之家，或十数年间未相识者，惟以信命赠遗①，致殷勤焉②。邺下风俗，专以妇持门户，争讼曲直，造请逢迎③，车乘填街衢④，绮罗盈府寺⑤，代子求官，为夫诉屈，此乃恒、代之遗风乎⑥？南间贫素⑦，皆事外饰⑧，车乘衣服，必贵整齐，家人妻子，不免饥寒。河北人事⑨，多由内政⑩，绮罗金翠⑪，不可废阙⑫，羸马悴奴⑬，仅充而已⑭，倡和之礼⑮，或尔汝之⑯。

注释

①信命：派人传送音信。遗（wèi）：赠送。

②殷勤：情意深厚。

③造：前往。请：谒见。逢迎：迎接。

④车乘（shèng）：古时一辆车配上四匹马叫一乘。车乘，即马拉的车，此指北齐贵族妇女所坐的车。

⑤绮罗：有花纹的高级丝织品，此指穿着绮罗的贵族妇女。府寺：古代官署，此指北齐的政府机关。

⑥恒代之遗风：北魏建都平城县，在今山西大同，当时属恒州代郡管辖。此指北魏以来的旧习俗。

⑦南间：南方，指南北朝的南朝地区。

⑧外饰：外表的修饰。

⑨河北：当时地理习惯用语，指今河北以及河南、山东的古黄河以北的地区。人事：交际应酬。

⑩内政：此指主持家务的妇女。

⑪金翠：指用黄金和绿宝石这类贵重物品制成的妇女饰物。

⑫阙（quē）：通“缺”。

⑬羸（léi）：瘦弱。悴（cuì）：憔悴。

⑭充：充数。

⑮倡和：倡随，即“夫倡妇随”，指夫妇间的交谈。

⑯尔汝之：夫妇间交谈中以“尔”、“汝”相称，当时河北贵族之家如此。

译文

江东的妇女，很少对外交游，在结成婚姻的亲家中，有十几年还不相识的，只派人传达音信或送礼品，来表示殷勤。邺城的风俗，专门让妇女当家，争讼曲直，谒见迎候，驾车乘的填塞道路，穿绮罗的挤满官署，替儿子乞求官职，给丈夫诉说冤屈，这应是恒、代地方的遗风吧？南方的贫素人家，都注意修饰外表，车马、衣服，一定讲究整齐，而家人妻子，反不免饥寒。河北交际应酬，多凭妇女，绮罗金翠，不能短少，而马匹瘦弱奴仆憔悴，勉强充数而已，夫妇之间交谈，有时“尔”“汝”相称，用词并不拘泥于此。

原文

河北妇人，织维组纠之事[①]，黼黻锦绣罗绮之工[②]，大优于江东也。

太公曰[③]：“养女太多，一费也。”陈蕃曰[④]：“盗不过五女之门[⑤]。”女之为累，亦以深矣。然天生蒸民[⑥]，先人传体，其如之何？世人多不举女[⑦]，贼行骨肉[⑧]，岂当如此而望福于天乎？吾有疏亲，家饶妓媵[⑨]，诞育将及[⑩]，便遣阍竖守之[⑪]，体有不安[⑫]，窥窗倚户，若生女者，辄持将去[⑬]，母随号泣，使人不忍闻也。

注释

①织紝（rèn）组紃（xún）：指编制丝织品。

②黼黻（fǔ fú）锦绣罗绮：指绣制有花纹的衣服。

③太公曰：见于《太平御览》所引《六韬》。

④陈蕃曰：见于《后汉书·陈蕃传》，是陈蕃这位名士大臣上疏中引用的俗谚。

⑤盗不过五女之门：意思是为五个女儿操办嫁妆必被弄穷，连盗贼都不来光顾。

⑥天生蒸民：蒸，是众多的意思，出自《诗·大雅·荡》。

⑦举：抚养。

⑧贼：残害。行：施加于。

⑨饶：富有。妓：指家妓，和婢女、小妾地位差不多。

⑩诞（dàn）：本古作“大”的意思，后为“生育”的意思。

⑪阍（hūn）：守门人。

⑫体有不安：此指妇女临产。

⑬辄持将去：就把女婴拿去弄死。

译文

河北妇女，从事编织纺绩的工作，制作绣有花纹绸衣的工巧，都大大胜过江东。

姜太公说：“养女儿太多，是一种耗费。”后汉大臣陈蕃说过：“盗贼都不愿偷窃有五个女儿的家庭。”女儿办嫁妆使人耗资、受害也够深重了。但天生芸芸众生，又是先人的遗体，能对她怎么样呢？世人多有生了女儿不养育，残害亲生骨肉，这样岂能盼望上天降福吗？我有个远亲，家里有许多妓妾，将要生育，就派童仆守候着，临产时，看着窗户靠着门柱，如果生了女婴，马上拿走弄死，产妇随即哭号，真叫人不忍心听。

原文

妇人之性，率宠子婿而虐儿妇，宠婿则兄弟之怨生焉①，虐妇则姊妹之谗行焉②。然则女之行留，皆得罪于其家者③，母实为之。至有谚曰：“落索阿姑餐④。”此其相报也。家之常弊，可不诫哉！

注释

①兄弟：指女儿的兄弟。

②姊妹：指儿子的姊妹。

③行：指女儿出嫁。留：指娶进儿媳妇。

④阿姑：夫之母。

译文

妇女的习性，多宠爱女婿而虐待儿媳妇，宠爱女婿那女儿的兄弟就会产生怨恨，虐待儿媳妇那儿子的姐妹就易进谗言。这样看来女的不论出嫁还是娶进都会得罪于家，都是为母的所造成。以至俗话谚语有道："落索阿姑餐。"说做儿媳妇的以此冷落来相报复婆婆。这是家庭里常见的弊端，能不警戒吗！

原文

婚姻素对①，靖侯成规②。近世嫁娶，遂有卖女纳财③，买妇输绢④，比量父祖⑤，计较锱铢⑥，责多还少⑦，市井无异⑧。或猥婿在门⑨，或傲妇擅室⑩，贪荣求利，反招羞耻，可不慎欤？

注释

①素：寒素。对：配对。

②靖侯成规：靖侯是颜之推的九世祖颜含死后的谥号。

③卖女纳财：指嫁女收受彩礼，等于卖出。

④买妇输绢：指娶儿媳妇要给对方彩礼，等于买进。输：送达。绢：丝织品。在当时也是货币。

⑤比量父祖：比较评量父、祖上代的官爵，因为当时还是门阀的时代，婚姻嫁娶要选择高门士族。

⑥计较锱铢（zī zhū）：计较微小的钱财者。锱等于六铢，四锱等于一两。

⑦责：索取。还：回报。

⑧市井：古代用来做买卖的地方，此指做买卖。

⑨猥：卑鄙下流。

⑩擅：专擅，操纵。

译文

婚姻要找贫寒人家，这是当年祖宗靖侯的老规矩。近代嫁娶，就有接受财礼出卖女儿的，运送绢帛买进儿媳妇的，这些人比量门祖家势。计较锱铢钱财、索取多而回报少，这和做买卖没有区别，以致有的门庭里弃来个下流女婿，有的屋里主管权操纵在恶儿媳妇手中，贪荣求利，招来耻辱，这样的事能不审慎吗！

原文

借人典籍，皆须爱护，先有缺坏，就为补治，此亦士大夫百行之一也①。济阳江禄②，读书未竟，虽有急速，必待卷束整齐③，然后得起④，故无损败，人不厌其求假焉⑤。或有狼籍几案⑥，分散部帙⑦，多为童幼婢妾之所点污⑧，风雨虫鼠之所毁伤，实为累德⑨。吾每读圣人之书，未尝不肃敬对之。其故纸有《五经》词义及贤达姓名⑩，不敢秽用也⑪。

吾家巫觋祷请⑫，绝于言议；符书章醮⑬，亦无祈焉。并汝曹所见也，勿为妖妄之费。

注释

①百行（xíng）：封建社会里士大夫要求自己做到的多种善行为。

②济阳：县名，在今河南省兰考县东北。江禄：南朝萧梁的文人。

③卷束：当时的书本都作卷轴形式，读过收拾必须卷好并束起来。

④起：起身，我国在晚唐以前通行跪坐，有事情得起身。

⑤厌：厌烦。假：借。

⑥狼籍：纵横散乱的样子。

⑦部帙（zhì）：书籍的篇次、卷页。

⑧点污：弄脏。

⑨累德：有损于道德。

⑩《五经》：南北朝时通常以《周易》《尚书》《毛诗》《礼记》《春秋左传》为《五经》。

⑪秽用：用在污秽的地方。

⑫巫觋（xí）：巫，指自言能与鬼神交往的人。觋，专指男巫。祷请：向鬼神祈祷请求。

⑬符书：通称“符箓（lù）”，道教徒用墨笔或红笔在纸上画成似字非字的图形，自言可以驱使鬼神，治病延年，其实都是迷信。章醮（jiào）：一种祈祷神仙的祭礼。

译文

借人家的书籍，都得爱护，原先有缺失损坏卷页，要给修补完好，这也是士大夫百种善行之一。济阳人江禄，每当读书未读完，即使有紧急事情，也要等把书本卷束整齐，然后才起身，因此书籍不会损坏，人家对他来求借不感到厌烦。有人把书籍在桌案上乱丢，以致卷页分散，多被小孩婢妾弄脏，又被风雨虫鼠毁伤，这真是有损道德。我每读圣人写的书，从没有不严肃恭敬地相对。废旧纸上有《五经》文义和贤达人的姓名，也不敢用在污秽之处。

我们家里从来不讲巫婆或道僧祈祷神鬼之事；也没有用符书设道场去祈求之举。这都是你们所见到的，切莫把钱花费在这些巫妖虚妄的事情上。

阅读延伸

颜竣

字士逊，琅邪临沂（今属山东省）人，光禄大夫颜延之的长子。

颜竣是南朝刘宋孝武帝一朝的重臣。宋孝武帝刘骏起兵讨伐刘劭的过程中，颜竣先是起草檄文，后又在刘骏重病时封锁消息，作为其替身处理事务，稳定军心，起到至关重要的作用。孝武帝中年后渐渐荒淫，颜竣多次直言进谏，引起孝武帝不满，最终贬官身死。

其父颜延之是南朝著名文学家，与谢灵运合称“颜谢”。

其族兄颜师伯是刘骏的宠臣。

颜竣的生年不详。从颜延之三十岁以后才结婚推算，颜竣的出生年月应在公元414年以后（颜延之生于公元384年）。他开始担任刘骏的秘书，具体时间史书上也没有详载，只说他”初为太常博士、太子舍人，出为世祖抚军主簿（秘书），甚被爱遇，竣亦尽心补益”（《宋书·颜竣传》）。世祖是宋孝武帝刘骏的庙号。刘骏是宋文帝元嘉二十一年（公元444年）七月加抚军将军的，由此看来，颜竣从太子舍人转任刘骏的秘书，应为公元444年以后。这时颜竣三十岁左右。公元453年刘骏做皇帝，在此之前的近十年时间里，颜竣一直担任他的秘书。他们两人的关系相当和谐密切，感情非常深厚，刘骏非常喜欢颜竣，颜竣也尽心尽意辅佐刘骏。颜竣的辅佐之才，在公元453年为刘骏争夺帝位时发挥得最为出色。

抢班夺权

刘骏是宋文帝第三子，本来没有做皇帝的份，他自己也从来不敢往这方面想。但这一年的二月，太子刘劭怕他父亲废掉他，于是急于抢班夺权，与他弟弟刘浚（宋文帝第二子）合谋，先发制人，率东宫兵入宫杀死宋文帝及宰相江湛、徐湛之、王僧绰等，自立为帝。这时刘骏正带领江、豫、荆、雍四州的军队去攻打大别山以南的少数民族五水蛮。刘骏虽然是个挂名统帅，但他所统辖的这支部队却集中了许多精兵良将。三月初二日，他得到父亲被杀的消息后，就利用这支武装力量传檄州镇，声讨刘劭。到五月四日，他的部队就攻入京城，杀死刘劭，一路上几乎没有遇到什么有力的抵抗。

主要原因

刘骏能这样轻而易举地夺得帝位，原因当然是多方面的。而颜竣起草的讨伐刘劭的战斗檄文所起的巨大的宣传鼓动作用，便是其中的主要原因之一。

孝武帝轻取全境

刘劭杀父夺位之举，虽然激起了全国上下的义愤，但因为事起猝然而又事关重大，所以敢公开站出来表明反对态度的人是很少的，只是到了三月二十七日颜竣撰写的这篇战斗檄文发布后，全国各地才公开亮出了声讨刘劭的旗帜。关于这篇檄文发布后各地的反应情况，《资治通鉴》卷一百二十七是这样记载的："州郡承檄，翕然响应"；《宋书·谢庄传》

上说："奉三月二十七日檄，圣迹昭然，伏读感庆。""檄至，辄布之京邑，朝野同欣，里颂涂（途）歌，室家相庆，莫不望景耸魂，瞻之伫足。"《资治通鉴》卷一百二十七又说："武陵王（刘骏王号）檄书至建康，劭（刘劭）以示太常颜延之曰：彼谁笔也？'延之曰：'竣之笔也。'劭曰：'言辞何至于是！'延之曰：'竣尚不顾老臣，安能顾陛下！'劭怒稍解。"从这些记载看来，这篇檄文不仅争取到了各州镇的支持，而且连刘劭见了也心虚胆寒，可见颜竣的笔力之雄壮，文章气势之磅礴，因而足以动民心，振士气，具有强烈的宣传鼓动作用，真是一纸檄文胜过千军万马。这是颜竣为刘骏争得帝位立的第一功。

淋漓尽致

颜竣的才华发挥得更为淋漓尽致还是在他为刘骏的重病封锁消息并大获成功这件事上。刘骏率领部队从九江出发，顺流而下，直奔南京。但一离开九江，他就病倒了。刘骏病得相当重，不但不能见将佐，而且连听取汇报、发布指示也不可能，甚至好几次都有生命危险。刘骏真是病得不是时候。在这紧要关头，摆在颜竣面前的头等大事，就是对刘骏的病情高度保密，决不能让其泄漏出去，否则后果不堪设想。颜竣于是利用唯有他一个人可以出入刘骏卧室的特殊身份和条件，不但代替刘骏决断一切军政大事，而且对外严格封锁消息。他"拥王于膝，亲视起居"；刘骏"疾屡危笃，不任咨禀，竣皆专决。军政之外，间以文教书檄，应接遐迩，昏晓临哭，若出一人。如是累旬，自舟中甲士亦不知王之危疾也"（《资治通鉴》卷一百二十七）。就是说，颜竣在代行刘骏职权时，还装着是刘骏在处理这些事情，他所起的只不过是一个秘书应起的请示、汇报和传达作用而已！由于颜竣的保密工作做得极为出色，处理军政也没有露什么破绽，在长达近二十天的时间里，连同乘一条船的军士都不知道刘骏生了重病，能做到这一点，确实不简单！

刘骏做皇帝

他的秘书颜竣，也就很自然地从幕后走到前台来了。他先是被任命为侍中、左卫将军，封建城县侯，食邑二千户。半年后，又改任吏部尚书，领晓骑将军。吏部是负责官吏考察和任免的重要部门，相当于现在的中央组织部，刘骏让颜竣来把持这个要害部门，显然是一种心腹之寄。颜竣担任吏部尚书后，“留心选举，自强不息”，没有辜负刘骏对他的期望，工作是相当出色的。凭着他同刘骏不同寻常的交情和关系，凡是他报上去的任免名单，刘骏无一不同意。后来谢庄代颜竣掌管吏部，报上去的名单到皇帝那里却多半通不过。颜竣为人严肃，不苟言笑，谢庄风姿优美，笑容可掬，于是当时的人说：“颜竣嗔而与人官，谢庄笑而不与人官。”

但颜竣担任吏部尚书的时间并不很长。第二年，也就是宋孝武帝孝建元年（公元 454 年）二月，江州刺史臧质和南郡王刘义宣（刘骏叔父）起兵反叛朝廷，六月，叛军失败，臧质、刘义宣被杀。臧质、刘义宣起兵后，他们的几个儿子就逃到建康、秣陵、湖熟、江宁等几个县里躲藏起来。这几个县都属丹阳郡（今安徽东南部和南京市一带）管辖，刘骏知道后，大怒，撤了丹阳尹（郡的长官）褚湛之的职，把四县的县令抓起来治罪。为了加强对京畿地区的控制，刘骏任命颜竣为丹阳尹、加散骑常侍。散骑常侍在南北朝时是尊贵之官，多用为将相大臣的兼职。从这一任命也不难看出，刘骏对颜竣确实寄予重望。

兼任中书令

颜竣任丹阳尹有两年左右的时间。其间刘骏还想让颜竣兼任中书令，因颜竣的表让而见许。孝建三年（公元 456 年）年底，吏部尚书谢庄因病免官，刘骏重新任命颜竣为吏部尚书，并领太子左卫率，后因他父亲颜延之病逝而未到任。一个月之后，颜竣又改任右将军、丹阳尹。这是孝武帝大明元年（公元 457 年）年初时的事情。

风操篇六

原文

《礼》曰[1]："见似目瞿[2]，闻名心瞿[3]。"有所感触，恻怆心眼[4]，若在从容平常之地[5]，幸须申其情耳。必不可避，亦当忍之。犹如伯叔、兄弟，酷类先人，可得终身肠断与之绝耶[6]？又"临文不讳，庙中不讳，君所无私讳[7]"。盖知闻名，须有消息[8]，不必期于颠沛而走也[9]。梁世谢举[10]，甚有声誉，闻讳必哭，为世所讥。又有臧逢世，臧严之子也[11]，笃学修行，不坠门风[12]，孝元经牧江州[13]，遣往建昌督事[14]，郡县民庶[15]，竞修笺书[16]，朝夕辐辏[17]，几案盈积，书有称"严寒"者，必对之流涕[18]，不省取记[19]，多废公事，物情怨骇[20]，竟以不办而还。此并过事也。

近在扬都[21]，有一士人讳审，而与沈氏交结周厚，沈与其书，名而不姓[22]，此非人情也。

注释

①《礼》曰：引文见于《礼记·杂记》。

②瞿（jù）：吃惊，这是说看到容貌和自己父母相像的人就目惊。

③闻名心瞿：这是说听到和父名相同时就心惊。

④恻（cè）：凄恻，伤痛。怆（chuàng）：凄怆，伤悲。

⑤从（cōng）容平常：正常情况。

⑥肠断：极度悲痛。

⑦讳：古人对君主及父祖尊长之名不能说，不能写，不能同，这叫避讳。

⑧消息：斟酌，看情况办。

⑨期：一定要。颠沛：倾跌。

⑩谢举：南朝萧梁文士。

⑪臧严：萧梁文士。

⑫门风：家风。

⑬孝元经牧江州：孝元是梁元帝萧绎。经牧：经略治理。

⑭建昌：江州（九江）的属县。在今九江、南昌之间。

⑮民庶：没有官爵的居民。

⑯修：撰写。笺（jiān）：书信。

⑰辐辏：本指车辐凑集于毂上，用来比喻人或物集聚。

⑱书之流涕：臧逢世因为父名严，所以见到写有“严寒”的书信就对之流涕。

⑲不省（xǐng）：不察看，不检查。记：书信，此指写书信。

⑳物情：人情，人心。

㉑扬都：指东晋南朝的京城建康，因为它又是扬州的治所，所以也称扬都。

㉒名而不姓：因避讳“沈”与“审”同音，只署上名而不写姓沈。

译文

《礼记》上说：“见到容貌相似的目惊，听到名字相同的心惊。”有所感触，心目凄怆，如果处在正常情况，自应该让这种感情表达出来啦。但如果无法回避，也应该有所忍耐，譬如伯叔、兄弟，容貌极像先人，能够终身见到他们就极度悲痛以至和他们断绝往来吗？

《礼记》上又说：“做文章不用避讳，在庙里祭祀不用避讳，在君王面前不避自己父祖的名讳。”可见听到名讳应该有所斟酌，不必一定要匆忙走避。梁朝时有个叫谢举的，很有声望，但听到自己父祖的名讳就哭，被世人所讥笑。还有个臧逢世，是臧严的儿子，学问踏实，品行端正，能维持门风。梁元帝出任江州，派他去建昌督办公事，郡县的民众，都抢着给他写信，信多得早晚汇集，堆满了案桌，信上有写了“严寒”的，他看到了一定对信流泪，再不察看作复函；公事常因此不得处理，引起人们的责怪怨恨，终于因避讳影响办事而被召回。这都是把避讳事情做过头了。

近来在扬都，有个士人避讳“审”字，同时又和姓沈的结交友情深厚，姓沈的给他写信，只署名而不写上“沈”姓，这因避讳也不近人情。

解题

风操，是指封建社会士大夫家的风度节操。颜氏讲了三个问题：一是避讳问题，再是称谓问题，三是与丧事有关的问题。当时社会上很重视这些问题。

原文

昔侯霸之子孙①，称其祖父曰家公：陈思王称其父为家父②，母为家母；潘尼称其祖曰家祖③：古人之所行，今人之所笑也。今南北风俗，言其祖及二亲，无云“家”者，田里猥人，方有此言耳④。凡与人言，言已世父⑤，以次第称之⑥，不云“家”者，以尊于父，不敢“家”也。凡言姑、姊妹、女子子⑦，已嫁则以夫氏称之，在室则以次第称之⑧，言礼成他族，不得云“家”也。子孙不得称“家”者，轻略之也⑨。蔡邕书集呼其姑、姊为家姑、家姊⑩，班固书集亦云家孙⑪，今并不行也。

注释

①侯霸：东汉时人，官至大司徒，有传见《后汉书》。

②陈思王：三国时曹魏大文学家曹植，封为陈王，死后谥为思，人称陈思王，有传见《三国志》。

③潘尼：西晋时文学家，有传附见《晋书·潘岳传》。

④无云“家”者：后世常称自己的祖父为家祖，父为家父，母为家母。

⑤世父：伯父。

⑥次第：排行。

⑦女子子：指女孩子，女儿。

⑧在室：女子未出嫁叫在室。

⑨轻略：忽略轻视。

⑩蔡邕：东汉末年文学家，有传见《后汉书》。

⑪班固：东汉初年文学家、史学家，《汉书》的撰写者。

译文

从前侯霸的子孙，称他们的祖父叫家公；陈思王曹植称他的父亲叫家父，母亲叫家母；潘尼称他的祖叫家祖：这都是古人所做的，而为今人所笑的。如今南北风俗，讲到他的祖和父母二亲，没有说“家”的，农村里卑贱的人，才有这种叫法。凡和人谈话，讲到自己的伯父，用排行来称呼，不说“家”，是因为伯父比父亲还尊，不敢称“家”。凡讲到姑、姊妹、女儿，已经出嫁的就用丈夫的姓来称呼，没有出嫁的就用排行来称呼，意思是行婚礼就成为别的家族的人，不好称“家”。子孙不好称“家”，是对他们的轻视忽略。蔡邕文集里称呼他的姑、姊为家姑、家姊，班固文集里也说家孙，如今都不通行。

原文

凡与人言，称彼祖父母、世父母；父母及长姑①，皆加“尊”字，自叔父母已下，则加“贤”字，尊卑之差也。王羲之书②，称彼之母与自称己母同，不云“尊”字，今所非也。

……

昔者，王侯自称孤、寡、不谷。自兹以降，虽孔子圣师，与门人言皆称名也③。后虽有臣、仆之称，行者盖亦寡焉。江南轻重，各有谓号④，具诸《书仪》⑤。北人多称名者，乃古之遗风。吾善其称名焉。

注释

①世父母：伯父和伯母。长姑：父之姊（姐）。

②王羲之：东晋时大书法家，有传见《晋书》。

③门人：弟子、学生。

④轻重：指礼仪轻重。谓号：称谓。

⑤《书仪》：记述礼节的书，在当时称为《书仪》。

译文

一般和人谈话，称人家的祖父母、伯父母、父母和长姑，都加个

“尊”字，从叔父母以下，就加个“贤”字，以表示尊卑有别。王羲之写信，称人家的母和称自己的母亲相同，都不说“尊”，这是如今所不取的。

从前王侯自己称自己孤、寡、不谷。从此以后，尽管孔子这样的圣师，和弟子谈话都自己称名。后来虽有自称臣、仆的，但也很少有人这么做。江南地方礼仪轻重各有称谓，都记载在专讲礼节的《书仪》上。北方人多自己称名，这是古代的遗风。我个人认为自己称名的好。

原文

古人皆呼伯父、叔父，而今世多单呼伯、叔。从父兄弟姊妹已孤①，而对其前呼其母为伯叔母，此不可避者也。兄弟之子已孤，与他人言，对孤者前呼为兄子、弟子，颇为不忍，北土人多呼为侄②。案《尔雅》、《丧服经》、《左传》，侄虽名通男女③，并是对姑之称，晋世以来，始呼叔侄。今呼为侄，于理为胜也。

注释

①已孤：父已死去。

②北土：北方。

③《尔雅》：我国最早的解释词义的专书，西汉成书，后升格成为《十三经》之一。《丧服经》：即《仪礼》中的《丧服》篇。《仪礼》为《三礼》及《十三经》之一。

译文

古人都喊伯父、叔父，而今世多单喊伯、叔。从父兄弟姐妹已孤，而当他面喊他母亲为伯母、叔母，这是无从回避的。兄弟之子已孤，和别人讲话，对着已孤者叫他兄之子、弟之子，就颇为不忍，北方人多叫他侄。按之《尔雅》、《丧服经》、《左传》，侄虽通用于男女，都是对姑而言的，晋代以来，才叫叔侄。如今叫他侄，从道理上讲是对的。

原文

古者，名以正体①，字以表德②，名终则讳之，字乃可以为孙氏③。孔子弟子记事者，皆称仲尼[④]；吕后微时[⑤]，尝字高祖为季[⑥]；至汉爰种[⑦]，字其叔父曰丝[⑧]；王丹与侯霸子语[⑨]，字霸为君房[⑩]。江南至今不讳字也。河北人士全不辨之，名亦呼为字，字固呼为字。尚书王元景兄弟[⑪]，皆号名人，其父名云，字罗汉，一皆讳之[⑫]，其余不足怪也。

注释

①正体：表明本身，即指出是谁。

②表德：表示德行。

③为孙氏：用来作为孙辈的氏。当时姓和氏是有区别的，氏只是姓里面的一支，秦汉以来姓和氏就没有区别，通称为姓而不再称氏了。

④仲尼：见于《论语·子张》篇说："仲尼不可毁也。"仲尼是孔子的字。

⑤吕后：西汉高祖的皇后吕雉。微时：微贱而未富贵的时候。

⑥尝字高祖为季：季是汉高祖刘邦的字，见《史记·高祖纪》。

⑦爰种：西汉爰盎（àng）的儿子。

⑧字其叔父曰丝：丝是爰盎的字，见《汉书·爰盎传》。

⑨王丹：东汉时人，传见《后汉书》。

⑩君房：侯霸的字。

⑪王元景：北齐王昕（xīn）字元景，与其弟王晞（xī）均好学有知名度，传见《北齐书》。

⑫一皆：一概，一并。

译文

古时候，名用来表明本身，字用来表示德行，名在死后就要避讳，字就可以作为孙辈的氏。孔子的弟子记事时，都称孔子为仲尼；吕后在微贱时，曾称呼汉高祖的字叫他季；至汉人爰种，称他叔父的字叫丝；王丹和侯霸的儿子谈话，称呼侯霸的字叫君房。江南地方至今对称字不避讳。这时候在河北地区人士对名和字完全不加区别，名也叫做字，字自然叫做字。尚书王元景兄弟，都号称名人，父名云，字罗汉，一概避讳，其余的人就不足怪了。

原文

偏傍之书①，死有归杀②，子孙逃窜，莫肯在家；画瓦书符，作诸厌胜③；丧出之日④，门前然火⑤，户外列灰⑥，祓送家鬼⑦，章断注连⑧。凡如此比，不近有情⑨，乃儒雅之罪人⑩，弹议所当加也⑪。

……

《礼经》⑫："父之遗书，母之杯圈⑬，感其手口之泽⑭，不忍读用。"政为常所讲习⑮，雠校缮写⑯，及偏加服用⑰，有迹可思者耳。若寻常坟典⑱，为生什物⑲，安可悉废之乎？既不读用，无容散逸，惟当缄保，以留后世耳⑳。

注释

①偏傍之书：不属正经的书，旁门左道的书。

②归杀：杀，也写作"煞"（shā），即所谓"回煞"，讲人死后到某一天"煞"要回来，家里的人必须外出躲避。据文献记载这种迷信恶俗在汉魏时已有了。

③厌（yā）胜：古代的一种巫术，用诅咒来制服人或物。

④丧出：出丧，把尸体送出。

⑤门前然火：用火拦住鬼不让重新进门。然，同"燃"。

⑥户外列灰：用灰拦住鬼不让重新进门。

⑦祓（fú）：古代除灾去邪的仪式。家鬼：死者本是家里的人，所以称"家鬼"。

⑧章断注连：指疾病传染连续的意思。

⑨有情：合乎人情。

⑩儒雅：儒学正道。

⑪弹（tán）：弹劾，检举官吏的过失。

⑫《礼经》：此节要见于《礼记·玉藻》。

⑬圈（juàn）：通棬（juān），曲木制成的盂。

⑭手口之泽：手上的汗水和唾水。

⑮政：通"正"。

⑯雠（chóu）校：也作“校雠”，即校勘，校对。缮：抄写。

⑰服用：使用。

⑱坟典：古书名，因而人们常用“坟典”作为古书的代称。见《左传》昭公十二年有“三坟、五典、八素、九丘”的说法。

⑲为生：营生。什物：常用器物。

⑳缄（jiān）：封闭。

译文

旁门左道的书里讲，人死后有“回煞”，子孙要逃避在外，没有人肯留在家里；要画瓦书符，作种种巫术法术；出丧那天，要门前生火，户外铺灰，除灾去邪，送走家鬼，上章以求断绝死者所患疾病之传染连续。所有这类迷信恶俗做法，都不近情，是儒学雅道的罪人，应该加以弹劾检举。

《礼经》上说：“父亲留下的书籍，母亲用过的杯圈，觉得上面有汗水和唾水，就不忍再阅读使用。”这正因为是父亲所常讲习，经校勘抄写，以及母亲个人使用，有遗迹可供思念。如果是一般的书籍，公用的器物，怎能统统废弃不用呢？既已不读不用，那也不该分散丢失，而应封存保留传给后代。

原文

江南风俗，儿生一期①，为制新衣，盥浴装饰②，男则用弓矢纸笔，女则刀尺针缕③，并加饮食之物，及珍宝服玩，置之儿前，观其发意所取④，以验贪廉愚智，名之为试儿。亲表聚集⑤，致宴享焉⑥。……

四海之人，结为兄弟⑦，亦何容易⑧，必有志均义敌⑨，令终如始者，方可议之。一尔之后⑩，命子拜伏，呼为丈人，申父交之敬⑪，身事彼亲，亦宜加礼。比见北人甚轻此节⑫，行路相逢，便定昆季⑬，望年观貌，不择是非，至有结父为兄、托子为弟者⑭。

注释

①期（jī）：一周年。

②盥（guàn）：浇水洗手。浴：洗澡。

③刀：剪刀。缕（lǚ）：线。

④发意：动念头。

⑤亲表：亲属中表，中表包括父亲的姐妹（姑母）的子女，母亲的兄弟（舅父）以及姐妹（姨母）的子女。

⑥享：通“飨”（xiǎng），用酒食款待人。

⑦结为兄弟：即所说的结义兄弟。

⑧容易：此指轻易，随便。

⑨敌：匹敌，相当。

⑩一尔：一旦如此。

⑪父交：父之所交往，父辈。

⑫北人：北方人。此节：这一点。

⑬昆季：兄弟。

⑭结父为兄：把父辈结为兄。托子为弟：把子侄辈结为弟。

译文

江南的风俗，在孩子出生一周年，要给缝制新衣，洗浴打扮，男孩就用弓箭纸笔，女孩就用刀尺针线，再加上饮食，还有珍宝和衣服玩具，放在孩子面前，看他动念头拿什么，用来测试他是贪还是廉，是愚还是智，这叫做试儿，聚集亲属姑舅姨等表亲，招待宴请。……

四海五湖之人，结义拜为兄弟，也不能随便，一定要志同道合，始终如一的，才谈得上。一旦如此，就要叫自己的儿子出来拜见，称呼对方为丈人，表达对父辈的敬意，自己对对方的双亲，也应该施礼。近来见到北方人对这一点很轻率，路上相遇，就可结成兄弟，只需看年纪老少，不讲是非，甚至有结父辈为兄，结子辈为弟的。

阅读延伸

颜之推之子

长子：颜思鲁

字孔归，祖籍琅琊临沂，系颜之推长子。出生于江陵，隋初随父移居京兆长安县敦化坊。

他精于文字音韵，原为北齐卫府行参军。隋朝时曾任秘书省东宫学士、校书郎。入唐之后，李世民任为秦王府记室参军，长宁王侍读，加俞岷将军。

次子：颜愍楚

生卒年不详，生年当在北齐（550—577年）时期，卒年当在隋大业（605－618年）年间抑或更后。祖籍琅琊临沂（今山东临沂），北齐黄门侍郎颜之推次子。兄为颜思鲁。隋唐著名学者。

第三子：颜游秦

颜师古叔父，琅琊临沂人。武德初累迁廉州刺史，封临沂县男。时刘黑闼初平，人多以强暴寡礼，风俗未安，游秦抚恤境内，敬让大行。邑里歌曰："廉州颜有道，性行同庄、老。爱人如赤子，不杀非时草。"高祖玺书劳勉之。俄拜郓州（今山东郓城）刺史，卒于官。撰《汉书决疑》十二卷，为学者所称，后师古注《汉书》，亦多取其义耳。

慕贤篇七

原文

古人云："千载一圣，犹旦暮也[1]；五百年一贤，犹比髆也[2]。"言圣贤之难得疏阔如此[3]。傥遭不世明达君子[4]，安可不攀附景仰之乎[5]！吾生于乱世，长于戎马[6]，流离播越[7]，闻见已多，所值名贤，未尝不心醉魂迷向慕之也[8]。人在年少，神情未定[9]，所与款狎[10]，熏渍陶染[11]，言笑举动，无心于学，潜移暗化[12]，自然似之，何况操履艺能[13]，较明易习者也[14]！是以与善人居，如入芝兰之室[15]，久而自芳也；与恶人居，如入鲍鱼之肆[16]，久而自臭也[17]。墨子悲于染丝[18]，是之谓矣，君子必慎交游焉。孔子曰[19]："无友不如己者。"颜、闵之徒[20]，何可世得[21]，但优于我，便足贵之。

注释

①千载：千年。旦暮：从早到晚。

②髆（bó）：肩膀。比髆：肩膊靠肩膊。

③疏阔：不密，稀疏。

④傥（tǎng）：倘或。不世：不世出，世上所少有。

⑤攀附：依附。

⑥戎马：兵马，战争。

⑦流离：流转离散。播越：播迁逃亡。

⑧心醉魂迷：形容仰慕之深。

⑨神情：精神意态。

⑩款狎：款洽狎习，交往极其亲密。

⑪ 熏：熏炙。渍（zì）：浸渍。陶：陶冶。染：沾染。

⑫潜移暗化：今多说"潜移默化"，指思想行为性格受外界感染在不

知不觉中起变化。

⑬操履：操行，品行。艺能：技能，本领。

⑭较：通“皎”，明显。⑮芝兰：香草。芝：通“芷”，香草。兰：香草。

⑯鲍鱼：此指盐渍的咸鱼，有一种强烈的腥秽味。

⑰臭（chòu）：秽恶的气味。

⑱墨子悲于染丝：墨子见到染丝而发感叹，说洁白丝染在什么颜色里就会变成什么颜色，所以染丝不能不谨慎。

⑲孔子曰：此句见于《论语·学而》。

⑳颜、闵：颜回、闵损，都是孔子弟子中的杰出人物。

㉑世得：常得，常有。

译文

古人说：“一千年出一位圣人，还近得像从早到晚之间；五百年出一位贤人，还密得像肩碰肩。”这是讲圣人贤人是如此稀少难得。倘或遇上世间所少有的明达君子，怎能不攀附景仰啊！我出生在乱离之时，长成在兵马之间，流离播迁，见闻已多，遇上名流贤士，没有不心醉魂迷地向往仰慕。人在年少时候，精神意态还未定型，和人家交往亲密，受到熏渍陶染，人家的一言一笑一举一动，即使无心去学习，也会潜移默化，自然相似，何况人家的操行技能，是更为明显易于学习的东西呢！因此和善人在一起，如同进入养育芝兰的花房，时间一久自然就芬芳；若是和恶人在一起，如同进入卖鲍鱼的店铺，时间一久自然就腥臭。墨子看到染丝的情况，感叹丝染在什么颜色里就会变成什么颜色。所以君子在交友方面必须谨慎。孔子说：“不要和不如自己的人做朋友。”像颜回、闵损那样的人，哪能常有，只要有胜过我的地方，就很可贵。

解题

慕贤，即仰慕贤才的意思。颜之推在此篇文中指出，“贵耳贱目，重遥轻近”，以致身边明明有贤人却不知礼敬。这里所说的慕贤，不仅礼敬远贤，而且要礼敬近贤。再一点是讲：不是指景仰古代的大圣大贤，而是讲对当世贤才的仰慕。

原文

世人多蔽[①]，贵耳贱目，重遥轻近。少长周旋[②]，如有贤哲[③]，每相狎侮，不加礼敬；他乡异县，微借风声[④]，延颈企踵[⑤]，甚于饥渴。校其长短，核其精粗，或彼不能如此矣，所以鲁人谓孔子为东家丘[⑥]。昔虞国宫之奇少长于君，君狎之，不纳其谏，以至亡国，不可不留心也！

注释

①蔽（bì）：本义蒙蔽，这里引申义为壅蔽不能通晓明达。

②少长：从幼小到长大。周旋：此指来往。

③哲：哲人，才能见识超越寻常的人。

④风声：此指名声。

⑤延：引伸。企踵：提起脚后跟。踵（zhǒng）：脚后跟。

⑥东家丘：丘是孔子的名，孔子是鲁国人而住在东边，所以当地人随便地叫他“东家丘”，为毫无敬意的称呼。

译文

世上的人大多有所壅蔽不能通明，重视耳闻的而轻视目睹的，重视远处的而轻视身边的。从小到大常往来的人中，如果有了贤士哲人，也往往轻慢，缺少礼貌尊敬。而对身居别县他乡的，稍稍传闻名声，就会伸长脖子、踮起脚跟，如饥似渴地想见一见，其实比较二者的短长，审察二者的精粗，很可能远处的还不如身边的，所以鲁人会把孔子叫做“东家丘”。从前虞国的宫之奇从小生长在虞君身边，虞君对他很随便，听不进他的劝谏，终于落了个亡国的结局，真不能不留心啊！

原文

梁孝元前在荆州[①]，有丁觇者[②]，洪亭民耳[③]，颇善属文，殊工草、隶[④]，孝元书记[⑤]，一皆使之。军府轻贱[⑥]，多未之重，耻令子弟以为楷法[7]。时云："丁君十纸，不敌王褒数字[8]。"吾雅爱其手迹[9]，常所宝持。孝元尝遣典签惠编送文章示萧祭酒[10]，祭酒问云："君王比赐书翰[11]，及写诗笔[12]，殊为佳手，姓名为谁，那得都无声问[13]？"编以实答，子云叹曰："此人后生无比，遂不为世所称，亦是奇事！"于是闻者稍复刮目[14]，稍仕至尚仪曹郎[15]。末为晋安王侍读[16]，随王东下。及西台陷殁[17]，简牍湮散[18]，丁亦寻卒于扬州[19]。前所轻者，后思一纸不可得矣。

注释

①荆州：治所在江陵，即今湖北江陵。

②觇（chān）：人名。

③洪亭：当时荆州辖区的小地名。

④草：草书。隶：隶书。

⑤书记：书牍，书信。

⑥军府：当时梁元帝萧绎是湘东王，兼荆州刺史，所以他的治所叫军府。

⑦楷法：楷模法式。

⑧王褒：萧梁的书法家，后入仕在北周，传见《周书》。

⑨雅：素，向来。

⑩典签：南朝方镇身边掌管文书的人，很有权势。萧祭酒：萧子云，王褒的姑父，仕梁为国子祭酒，书法家。

⑪比：近来，刚才。书翰：书信。

⑫笔：南北朝人称有韵的为文，无韵的为笔。

⑬声问：声誉，名声。

⑭刮目：刮目相看，用新眼光看待。

⑮稍：逐渐。尚书仪曹郎：萧梁尚书省设郎二十二人，仪曹郎是其一。

⑯晋安王：即梁简文帝萧纲，当时封晋安王。侍读：当时亲王有侍读，给王讲授经书。

⑰西台陷殁：台是台省，南北朝时称中央政府为台省，梁元帝在江陵称帝，江陵在西，所以称西台。元帝承圣三年（554 年）西魏攻陷江陵，

杀元帝，这就是此文所说的“西台陷殁”。

⑱简牍：纸发明前，我国古代用竹简和木片书写，叫简牍，后来则常用“简牍”代指“书信”之类。

⑲扬州：指扬州的治所建康（今南京）。

译文

梁元帝从前在荆州时，有个叫丁觇的，只是个洪亭地方的普通百姓，因为会作文章，尤其擅长写草书、隶书，元帝的往来书信，都叫他代写。可是，军府里的人轻贱他，对他的书法不重视，不愿自己的子弟模仿学习，一时有“丁君写的十张纸，比不上王褒几个字”的说法。我是一向喜爱丁觇的书法的，还经常加以珍藏。后来，梁元帝派掌管文书的叫惠编的送文章给祭酒官萧子云看，萧子云问道：“君王刚才所赐的书信，还有所写的诗笔，真出于好手，此人姓什么叫什么，怎么会毫无名声？”惠编如实回答，萧子云叹道：“此人在后生中没有谁能比得上，却不为世人称道，也算是奇怪事情！”从此后听到这话的对丁觇稍稍刮目相看，丁觇也逐步做上尚书仪曹郎。最后丁觇做了晋安王的侍读，随王东下。到元帝被杀西台陷落，书信文件散失埋没，丁觇不久也死于扬州。以前那轻视丁觇的人，以后想要丁觇的一纸书法也不可得了。

原文

侯景初入建业①，台门虽闭②，公私草扰③，各不自全。太子左卫率羊侃坐东掖门④，部分经略⑤，一宿皆办，遂得百余日抗拒凶逆。于是城内四万许人，王公朝士，不下一百，便是恃侃一人安之，其相去如此。……

齐文宣帝即位数年⑥，便沉湎纵恣⑦，略无纲纪⑧。尚能委政尚书令杨遵彦⑨，内外清谧⑩，朝野晏如⑪，各得其所，物无异议，终天保之朝⑫。遵彦后为孝昭所戮⑬，刑政于是衰矣⑭。斛律明月⑮，齐朝折冲之臣⑯，无罪被诛，将士解体⑰，周人始有吞齐之志，关中至今誉之⑱。此人用兵，岂止万夫之望而已哉⑲，国之存亡，系其生死。

注释

①侯景：本是北朝大将，后投南朝萧梁，又起兵叛梁，攻入梁都城建

康，梁武帝被拘留饿死，侯景自称帝。后失败，出逃被杀。建业：建康的旧名，即今江苏南京。

②台门：建康有台城，是台省中央机构及宫殿所在。台门即台城的城门，当时闭了台门抗拒侯景叛军。

③公私：指政府官员和百姓。草扰：纷乱惊扰。

④太子左卫率（lǜ）：萧梁有太子左右卫率，是太子手下的最高级武官，统带领东宫警卫部队。羊侃（kǎn）：本仕北朝，后投靠梁，是当时的名将。东掖门：台城的城门。

⑤部分：部署处分。经略：策划处理。

⑥齐文宣帝：北齐文宣帝高洋。

⑦沉湎：沉迷于酒。纵恣：放纵恣肆，想怎么做就怎么做。

⑧纲纪：法纪。

⑨尚书令：尚书省的长官，中央政府机构的首脑。杨遵彦：杨愔（yīn），字遵彦，北齐大臣。

⑩内外：内指京城之内，外指京城以外的所有统治地区。谧（mì）：安定。

⑪朝野：朝廷和民间。晏如：平静。

⑫天保：北齐文宣帝的年号，共十年（550—559）。

⑬孝昭：北齐孝昭帝高演。

⑭刑政：刑罚政令。

⑮斛律明月：斛律先，字明月，北齐大将。

⑯折冲：御侮，抵御敌人。

⑰解体：肢体解散，比喻人心叛离。

⑱关中：地理上的习惯用语，有时专指陕西关中盆地，有时也包括陕北、陇西。当时是北周的主要根据地。

⑲万大之望：见《易·系辞下》，意思是万人之所瞻望，即众望所归。

译文

侯景刚进入建康（南京）时，台门虽已闭守，而官员百姓一片混乱，人人不得自保。太子左卫率羊侃坐镇东掖门，部署处分，一夜齐备，才能抗拒凶逆到一百多天。这时台城里有四万多人，王公朝官，不下一百，就是靠羊侃一个人才使大家安定，才能高下相差如此。……

齐文宣帝即位几年，就沉迷酒色、放纵恣肆，法纪全无。但还能把政事委托给尚书令杨遵彦，才使内外安定，朝野平静，大家各得其所，而无异议，整个天保一朝都如此。杨遵彦后来被孝昭帝所杀，刑政于是败坏。斛律明月，是齐朝抵御敌人之臣，无罪被杀，将士离心，周人才有灭齐的打算，关中到现在还称颂这位斛律明月。这个人的用兵，何止是万夫之望而已，国家的存亡，实关系于他的生死。

阅读延伸

颜之推之孙

颜师古

颜师古是名儒颜之推的孙子、颜思鲁的儿子。少传家业，遵循祖训，博览群书，学问通博，擅长于文字训诂、声韵、校勘之学；他还是研究《汉书》的专家，对两汉以来的经学史也十分熟悉。

隋文帝仁寿年间，由尚书左丞李纲举荐，任安养县（今湖北襄樊）尉。尚书左仆射杨素见其年少，问他："安养剧县，子何以治之?"颜师古回答："割鸡焉用牛刀。"杨素惊其夸口。后来果然以政绩突出闻名。后因坐事免职居长安，十年不得官，家贫，以教授为业。

隋大业十三年（公元617年），太原留守李渊起兵入关，颜师古从父至同州朝邑长春宫谒见，被授予朝散大夫之职。

唐武德元年（公元618年），李渊称帝建立唐王朝，拜颜师古为敦煌公府文学，转起居舍人，再迁中书舍人，掌机密，专典皇帝诏敕。军国政务等重大诏令皆出于颜师古之手，其文才当时未有敢于与其相比者。颜师古勤于政事，又擅长文辞，其所拟制诰册奏之工整美好，名冠当时。

唐武德九年（公元626年），秦王李世民即皇帝位，颜师古被擢为中书侍郎，封琅琊县男。后坐事两次被贬。颜师古聪敏好学，精于训诂。

唐贞观七年（公元633年），颜师古被任命为秘书少监，专管校定古书的工作，每遇疑惑不解的奇文难字，他都能一一辨析，并说明其本源。贞观十一年（公元637年），颜师古奉诏与博士撰写成《五礼》，进爵为子。后又奉太子承乾之命注《汉书》。贞观十五年（公元641年）书成，进秘书监，以文学入选崇贤、弘文两馆学士。《汉书注》是颜师古晚年力作，在审定音读、诠释字义方面用功最多，成绩最大，解释详明，深为学者所重。当时即有“杜征南（杜预）、颜秘书（颜师古）为左丘明、班孟坚忠臣”之称誉。

贞观十九年（公元645年），颜师古随从太宗征辽东，途中病故，终年65岁，谥曰“戴”。墓地位于今山东省兰陵县芦柞镇前芦柞村东南

颜相时

（生年不详－645年），表字睿，琅琊临沂人。中国唐朝儒学者秦王府十八学士之一。他是颜师古之弟，颜之推之孙，颜思鲁之子。

与兄长颜师古都学问深厚。武德年间，为李世民属下天策府参军事、文学馆学士。贞观年间，拜为谏议大夫，有谏诤之风。转礼部侍郎。相时羸瘠多疾病，太宗常使赐以医药。。颜师古亡故后、相时不胜哀惜而卒。

颜勤礼

字敬，唐朝琅邪临沂（今山东临沂）人。他是颜之推之孙、颜思鲁之子、唐代著名书法家颜真卿的曾祖父。

幼而朗悟，识量弘远。工于篆籀，尤精诂训。角褐校书郎，与两兄弟师古相时同时为弘文崇贤学士。《颜真卿家庙碑》。

现西安碑林尚存颜真卿所书”颜勤礼碑“，即为他帮曾祖父所写的神道碑。

勉学篇八

原文

自古明王圣帝，犹须勤学，况凡庶乎！此事遍于经史，吾亦不能郑重[1]，聊举近世切要，以启寤汝耳[2]。士大夫之弟，数岁已上，莫不被教，多者或至《礼》、《传》，少者不失《诗》、《论》[3]。及至冠婚[4]，体性稍定[5]，因此天机[6]，倍须训诱[7]。有志向者，遂能磨砺[8]，以就素业[9]；无履立者[10]，自兹堕慢[11]，便为凡人。人生在世，会当有业[12]。农民则计量耕稼[13]，商贾则讨论货贿[14]，工巧则致精器用[15]，伎艺则沉思法术[16]，武夫则惯习弓马，文士则讲议经书。多见士大夫耻涉农商[17]，羞务工伎[18]，射则不能穿札[19]，笔则才记姓名，饱食醉酒，忽忽无事[20]，以此销日[21]，以此终年[22]。或因家世余绪[23]，得一阶半级[24]，便自为足，全忘修学[25]。及有吉凶大事[26]，议论得失，蒙然张口[27]，如坐云雾；公私宴集，谈古赋诗，塞默低头[28]，欠伸而已[29]。有识旁观，代其入地[30]。何惜数年勤学，长受一生愧辱哉！

注释

①郑重：频繁。

②寤（wù）：通“悟”，觉醒。

③《论》：指《论语》。

④冠（guàn）婚：古礼称男子二十岁加冠，先秦男子三十岁娶妻称婚。“冠婚”是说人到二三十岁时。

⑤体性：体质性情。

⑥天机：天赋的机灵。

⑦倍：加倍。

⑧磨砺：此为磨炼。

⑨素业：儒素之业，即士族从事的事业。

⑩履立：指想成就功业。

⑪堕：通“惰”。慢：怠慢。

⑫会：合，应。

⑬计量：计较商量。

⑭贿：财物。

⑮工巧：能工巧匠。器用：器皿用具。

⑯伎：同“技”。伎艺：技术才艺。法术：方法技术。

⑰耻：耻于，以做某件事为耻。

⑱羞：羞于，以做某件事为羞。

⑲札：古代铠甲上的铁片。

⑳忽忽：内心空虚恍惚。

㉑销日：消磨日子。

㉒终年：终其天年，到老死。

㉓家世余绪（xù）：家世余荫。指世家大族子弟仕进的特权。

㉔一阶半级：一官半职。

㉕修：学习。

㉖吉凶大事：婚丧礼仪之大事。

㉗蒙然：蒙昧无知，昏昏然。张口：张口结舌，说不出话。

㉘塞默：沉默。

㉙欠：打呵欠。伸：伸懒腰。

㉚入地：羞惭得无脸见人，真想钻到地下去。

译文

从古以来的贤王圣帝，还需要勤学，何况是普通百姓之人呢！这类事情遍见于经籍史书，我也不能一一列举，只举点近代切要的，来启发提醒你们。士大夫的子弟，几岁以上，没有不受教育的，多的读到《礼记》、《左传》，少的也起码读了《毛诗》和《论语》。到了加冠成婚年纪，体质性情稍稍稳定，凭着这天赋的机灵，应该加倍教训诱导。有志向的，就能因此磨炼，成就士族的事业；不想有所树立的，从此怠惰，就成为庸人。

人生在世，应当有所专业，农民则商议耕稼，商人则讨论货财，工匠则精造器用，技艺则考虑方法，武夫则练习弓马，文士则讲究经书。然而常看到士大夫耻于涉足农商，羞于从事工技，射箭则不能穿铠甲，握笔则才记起姓名，饱食醉酒，恍惚空虚，以此来消磨日子，以此来终尽天年。有的凭家世余荫，弄到一官半职，自感满足，全忘学习，遇到婚丧大事，议论得失，就昏昏然张口结舌，像坐在云雾之中。公家或私人集会宴饮，谈古赋诗，又是沉默低头，只会打呵欠伸懒腰。有见识的人在旁看到，真替他羞得无处容身。为什么不愿用几年时间勤学，以致一辈子长时间受愧辱呢？

解题

勉学，就是勉励学习。颜之推写这篇《勉学》，就是要劝人努力学习。

《勉学篇》在《颜氏家训》中是主要的一篇，内容特长，字数特多，道理重要。因古今在学习内容上有根本性的差异，所以这里只精选在今天还适用的部分，特别是道理讲解得既深刻又生动的部分。

原文

梁朝全盛之时，贵游子弟①，多无学术，至于谚曰：“上车不落则著作②，体中何如则秘书③。”无不熏衣剃面④，傅粉施朱⑤，驾长檐车⑥，跟高齿屐⑦，坐棋子方褥⑧，凭斑丝隐囊⑨，列器玩于左右⑩，从容出入⑪，望若神仙，明经求第⑫，则顾人答策⑬，三九公宴⑭，则假手赋诗⑮，当尔之时，亦快士也⑯。及离乱之后⑰，朝市迁革⑱，铨衡选举⑲，非复曩者之亲⑳；当路秉权㉑，不见昔时之党㉒。求诸身而无所得，施之世而无所用，被褐而丧珠㉓，失皮而露质㉔，兀若枯木㉕，泊若穷流㉖，鹿独戎马之间㉗，转死沟壑之际㉘，当尔之时，诚驽材也㉙。有学艺者，触地而安㉚。自荒乱以来㉛，诸见俘虏，虽百世小人㉜，知读《论语》、《孝经》者㉝，尚为人师；虽千载冠冕㉞，不晓书记者，莫不耕田养马，以此观之，安可不自勉耶？若能常保数百卷书，千载终不为小人也。

注释

①贵游子弟：本指王公的子弟，这里指士族子弟。

②上车不落则著作：著作，指著作郎，是清贵官。南朝时士族子弟一开始就可做这个官。“上车不落”是当时俗语，是“起码”的意思。

③体中何如则秘书：秘书，秘书郎，也是南朝士族子弟一开始就可做的官职。体中何如：问人家身体好不好。

④熏衣剃面：用香熏衣服，用刀剃面，都是当时士族子弟的生活习惯。

⑤傅粉施朱：涂脂抹粉，汉魏以来男子的习惯，这时士族子弟仍如此。

⑥长檐车：车盖有前檐的车。

⑦跟：跟着转。高齿屐（jī）：屐是木底的鞋。下面有齿，高齿的屐是当时士族所常着。

⑧棋子方褥（rù）：褥是坐垫，当时仍是跪坐，跪坐在一种方形的床上，讲究的床上铺褥。棋子的棋，指围棋，棋子方褥，是指褥上有如同围棋棋盘那样的方块图案。

⑨斑丝隐囊：指富贵软囊外表用染色丝织成。

⑩器玩：器用玩物。

⑪从容：舒缓，不急迫。

⑫明经求第：汉魏晋南北朝时州郡有举秀才、孝廉的办法，每年或隔几年由州郡送几名秀才、孝廉，经中央考试及第后录用，考试是“策试”，即出问题让回答，所问多有经义，所以叫“明经求第”，这和隋唐正式设置明经科不是一回事。

⑬顾：通“雇”。答策：回答策试秀才、孝廉的问题。

⑭三九：三公九卿，泛指朝廷显贵。公宴：公家举办的正式宴会。

⑮假手：本指利用他人为自己办事，这里指请人代笔。

⑯快士：佳士。

⑰离乱：乱离，战乱流离。

⑱朝市：指朝廷。

⑲铨衡：本指衡量轻重的器具，引申为执掌选拔人才的职位。选举：选拔人才，和今天所说的选举不是一回事。

⑳曩（nǎng）：从前。亲：亲属。

㉑当路秉权：当路，当道，秉权，掌权。一般指宰相。

㉒党：私党，亲属。

㉓褐（hè）：兽毛或粗麻制成的短衣，古时贫贱人穿用。丧珠：指内里也没有珠玉，即没有本领。

㉔失皮而露质：古人有"羊质虎皮"的说法，指其人外表像样内里不行，这里是说连外表的虎皮也丢了，只剩下内里的羊质。

㉕兀（wù）：浑然无所知觉。

㉖泊：通"薄"。穷流：干涸的水流。

㉗鹿独：落拓，流离颠沛。

㉘转：辗转。

㉙驽（nú）：能力低下。

㉚触地：随地，到处。

㉛荒乱：兵荒马乱，战乱。

㉜百世小人：累世都出于庶族寒门而非士族的人。这是魏晋南北朝门阀盛行时的特殊讲法。

㉝《孝经》：战国后期儒家讲孝道的一种小书，在汉代和《论语》一书都是启蒙性读物，后列入《十三经》。

㉞千载冠冕：千载是夸大的说法，实际就是世代冠冕即世代做大官的意思。冕（miǎn）：古代天子、诸侯、卿大夫所戴的礼帽，这里是指当时的世家大族，他们一般都世代做大官。

译文

梁朝全盛时期，士族子弟，多数没有学问，以至有俗谚说："上车不落就可当著作郎，体中无货也可做秘书官。"没有人不讲究熏衣剃面，涂脂抹粉，驾着长檐车，踏着高齿屐，坐着有棋盘图案的方块褥子，靠着用染色丝织成的软囊，左右摆满了器用玩物，从容地出入，看上去真好似神仙一般，若要明经义求取及第，那就雇人回答考试问题；要出席朝廷显贵的宴会，就请人帮助作文赋诗。在这种时候，也算得上是个"才子佳士"。等到发生战乱流离后，朝廷变迁，执掌选拔人才的职位，不再是从前的亲属，当道执政掌权，不再见当年的私党，求之自身一无所得，施之世事一无所用，外边披上粗麻短衣，而内里没有真正本领，外边失去虎皮外表，而里边肉里露出羊质，呆然像段枯木，泊然像条干涸的水流，落拓兵马之间，辗转死亡沟壑之际，在这种时候，真成了没用的蠢材。只有有学问才艺的人，才能随处可以安身。从战乱以来，所见被俘虏的，即使世代寒士，懂得读《论语》、《孝经》的，还能给人家当老师；虽是历代做大官，不懂得书记的，没有不是去耕田养马，从这点来看，怎能不自勉呢？如能经常保有几百卷的书，过上千年也不会成为小人。

原文

夫明《六经》之指①，涉百家之书②，纵不能增益德行，敦厉风俗③，犹为一艺，得以自资④。父兄不可常依，乡国不可常保⑤，一旦流离，无人庇荫⑥，当自求诸身耳。谚曰："积财千万，不如薄伎在身⑦。"伎之易习而可贵者，无过读书也。世人不问愚智，皆欲识人之多，见事之广，而不肯读书，是犹求饱而懒营馔⑧，欲暖而惰裁衣也。夫读书之人，自羲、农已来⑨，宇宙之下⑩，凡识几人，凡见几事，生民之成败好恶，固不足论，天地所不能藏，鬼神所不能隐也！

注释

①《六经》：先秦时本以《诗》、《书》、《礼》、《乐》、《易》、《春秋》为六经，但《乐》并没书本可读，所以西汉时只有《五经》，这里讲《六经》只是对经书的泛称。

②百家：诸子百家，本指先秦诸子，百家是说学派之多，这里是指《五经》以来的各种学问。

③敦厉：敦厚砥砺。

④资：凭借，依靠。

⑤乡国：家乡。

⑥庇荫：覆盖，保护。

⑦伎：通“技”。

⑧馔（zhuàn）：食物。

⑨羲、农：伏羲、神农，神话传说中我国远古的帝王。

⑩宇宙：据《淮南子·齐俗训》上说："往古来今谓之宙，四方上下谓之宇。"也就是通常所说的"天下"。

译文

搞清《六经》的要旨，博览百家的著述，即使不能在德行方面有所增长，在风俗方面有所敦砺，总还是身有一种才艺，得以自资。父兄不可能水远依凭，家乡不可能永远保有，一朝流离，无人保佑，只应自己靠自己了。俗谚说："积财千万，不如薄技在身。"技之容易学习而且可贵的，没有比得上读书了。世上的人不论是愚是智，都要求人认识得多，事情经历得广，却不肯读书，这就好比要求吃饱而懒于做饭，要求穿暖和而惰于裁衣。读书的人，从伏羲、神农以来，在宇宙之下，认识了多少人，经历了多少事，人间的成败好坏，自不必说，即使天地的神秘也不能藏，鬼神的原形也不能隐啊！

原文

有客难主人①曰："吾见强弩长戟②，诛罪安民，以取公侯者有矣；文义习吏③，匡④时富国，以取卿相者有矣；学备古今，才兼文武，身无禄位，妻子饥寒者，不可胜数，安足贵学乎？"主人对曰："夫命之穷达⑤，犹金玉木石也；修⑥以学艺，犹磨莹雕刻也。金玉之磨莹⑦，自美其矿璞⑧；木石之段块，自丑其雕刻。安可言木石之雕刻，乃胜金玉之矿璞哉？不得以有学之贫贱，比于无学之富贵也。且负甲为兵，咋笔⑨为吏，身死名灭者如牛毛，角立杰出者如芝草⑩；握素披黄⑪，吟道咏⑫德，苦辛无益者如日蚀⑬，逸乐名利者如秋荼⑭，岂得同年而语⑮矣。且又闻之：生而知之者上，学而知之者次。所以学者，欲其多知明达耳。必有天才，拔群出类，为将则暗与孙武、吴起⑯同术，执政则悬得管仲、子产⑰之教，虽未读书，吾亦谓之学矣。今子即不能然，不师古之踪迹，犹蒙被⑱而卧耳。"

注释

①有客难（nàn）主人：这是假设，难是诘难。主人指作者。

②弩：用扳机发射的强弓。戟：先秦时就出现的兵器，是所谓有枝

兵，既既可直刺，又可横击，和宋代以后出现的方天画戟不是一回事。

③吏：旧时官员的通称。

④匡：纠正，救助。

⑤命之穷达：穷是困厄，做不上官。达是显达，做上大官。

⑥修：学习，研习。

⑦莹（yíng）：磨之使光亮。

⑧矿璞（pú）：矿内有金，未经冶炼的金属；璞内蕴玉，未经雕琢的玉石。

⑨咋（zé）笔：咋是啃咬，过去办公都用毛笔，使用毛笔时有人习惯用嘴咬开笔头。

⑩角立：卓然特立。芝草：灵芝，是一种菌，古人认为是罕见的祥瑞之物。

⑪素：白色的生绢，使用纸前以及刚使用纸时曾用它来写书，这里即指书。黄：东晋南北朝隋唐时用纸制的卷子写书，这种卷子都染成黄色的防蠹，这里也指书。

⑫吟、咏（yǐn yǒng）：发出声叫吟，声音拉长叫咏，此指诵读。

⑬日蚀：是稀少的天象，用在这里是稀少的意思。

⑭秋荼（tú）：荼是一种苦荼，到秋天愈加长得繁盛。此指多的意思。

⑮同年而语：也常说成“同日而语”，相提并论的意思。

⑯孙武：相传是春秋时杰出的军事家，在吴国任大将，传见《史记》，但《左传》不载其事迹。吴起：战国前期的军事家、法家，历仕魏、楚等国，传见《史记》。

⑰管仲：春秋时齐国的政治家，传见《史记》。子产：春秋时郑国的政治家，传见《史记》。

⑱蒙被：用被子蒙着头。

译文

有位客人追问我说：“我看见有的人只凭借强弓长戟，就去讨伐叛逆，安抚民心，以取得公侯的爵位；有的人只凭借精通文史，就去匡救时代，使国家富强，以取得卿相的官职。而学贯古今，文武双全的人，却没有官禄爵位，妻子儿女饥寒交迫，类似这样的事数不胜数，学习又怎么值得崇尚呢?”我回答说：“人的命运坎坷或者通达，就好像金玉木石；钻研学问，掌握本领，就好像琢磨与雕刻的手艺。琢磨过的金玉之所以漂亮，是因为金玉本身是美物；一截木头，一块石头之所以难看，是因为尚未经过雕刻。但我们怎么能说雕刻过的木石胜过尚未琢磨过的宝玉呢？同样，我们不能将有学问的贫贱之士与没有学问的富贵之人相比。况且，身怀武艺的人，也有去当小兵的；满腹诗书的人，也有去当小吏的，身死名灭的人多如牛毛，出类拔萃的人少如芝草。埋头读书，传扬道德文章的人，劳而无益的，少如日蚀；追求名利，耽于享乐的人，四处碰壁的，多如秋草。二者怎么能同日而语呢？另外，我又听说：一生下来不学就会的人，是天才；经过学习才会的人，就差了一等。因而，学习是使人增长知识，明白通达。只有天才才能出类拔萃，当将领就暗合于孙子、吴起的兵法；执政者就同于管仲、子产的政治素养，像这样的人，即使不读书，我也说他们已经读过了。你们现在既然不能达到这样的水平，如果不效仿古人勤奋好学的榜样，就像盖着被子蒙头大睡，什么也不知道。”

原文

人见邻里亲戚有佳快者，使子弟慕而学之，不知使学古人，何其蔽也哉？世人但知跨马被甲，长稍强弓[1]，便云我能为将；不知明乎天道，辩乎地利[2]，比量逆顺[3]，鉴达兴亡之妙也[4]。但知承上接下，积财聚谷，便云我能为相；不知敬鬼事神，移风易俗，调节阴阳，荐举贤圣之至也[5]。但知私财不入[6]，公事夙办[7]，便云我能治民；不知诚己刑物[8]，执辔如组[9]，反风灭火[10]，化鸱为凤之术也[11]。但知抱令守律[12]，早刑晚舍[13]，便云我能平狱[14]；不知同辕观罪，分剑追财[15]，假言而奸露[16]，不问而情得之察也[17]。爰及农商工贾，厮役奴隶[18]，钓鱼屠肉，饭牛牧羊，皆有先达，可为师表[19]，博学求之，无不利于事也。

注释

①稍（shuò）：同“槊”，一种柄特别长的矛。

②明乎天道，辩乎地利：据《孙子·始计》上说：“天者阴阳寒暑时

制也，地者，远近险易广狭生死也。”天道、地利即指此。

③比量：比较衡量。逆顺：逆在这里指违背时势人心，顺指顺乎时势人心。

④鉴达：明察通晓。

⑤至：最高的水平、境界。

⑥私财不入：即不贪赃。

⑦夙（sù）：早。

⑧刑物：刑，通“型”。刑物：给别人做出榜样。

⑨执辔如组：辔是驾驭牲口的缰绳，组是织组，即织丝带，执辔如组是指驾马像织组那样有文章条理，这里用来比作治理百姓之有条理。

⑩反风灭火：这里用刘昆的使火熄灭的故事，见《后汉书·儒林传》说，刘昆在光武帝时任江陵令，县里连年火灾，刘昆向火叩头，多能降雨止风，使火熄灭，这当然是江陵人给这位好县令制造的神话。

⑪化鸱（chī）为凤：这里用仇览的故事。见《后汉书·循吏传》说，仇览是陈留郡考城县（今河南兰考县）人，县里选任他为薄亭长，境内有个叫陈元的不孝其母，经仇览劝导后变成了孝子，当地人歌颂仇览能把鸱鸮（xiān）教化好。鸱鸮：猫头鹰一类的鸟，古人认为是不孝之鸟，其实是益鸟。鸾凤是仇览自比，并非说把原来是鸱鸮的陈元变化凤，此是颜之推记错了。

⑫令：中国古代由政府规定的各种法制。律：中国古代的刑法。

⑬刑：判刑。舍：赦免。

⑭平狱：处理刑狱轻重适中。

⑮分剑追财：这是用何武的故事。见《太平御览·风俗通》说，西汉何武任沛郡太守，郡内有个富人，妻先死，自己死前儿子才几岁，女儿已嫁又不贤，就假意把全部财产传给女儿，只留下一剑给儿子，还嘱咐等儿子长到十五岁时才给，后来儿子长到十五岁，女儿连剑也不给，告到何武那里。何武说，当初富人把财产传女儿，是怕不传女儿要害死儿子，剑是象征决断的，叫十五岁时给，是估计此时已有能力诉讼，于是把财产全判归儿子。

⑯假言而奸露：这是用李崇的故事。见《魏书·李崇传》，李崇任北

魏的扬州刺史（治所在安徽寿春县），寿春人苟泰的儿子三岁时失去，为同县赵奉伯收养，后双方争这个儿子，都说是自己亲生的。李崇叫把这个孩子藏起来，过些时候假意对双方说，这孩子已暴死，苟泰听了放声悲哭，赵奉伯只是叹息而已。于是李崇知道苟泰是孩子的真父亲，把孩子就判还给苟泰。

⑰不问而情得：这是用陆云办案的故事。见《晋书·陆云传》，陆云任浚仪（今河南开封）令，有人被杀，陆云叫把此人的妻关起来，又不讯问，过了十多天放掉，而叫人偷偷地跟着，说："不出十里，当有男子候之与语，便缚来。"果然捉到这样的男子，原来是他和这女私通，把其丈夫杀死，这时听到女人放出，急于等着问个究竟，结果落网抵罪。

⑱厮役：供使唤服劳役的人。

⑲师表：表率，学习的榜样。

译文

人们看到乡邻亲戚中有称心的好榜样，叫子弟去仰慕学习，而不知道叫去学习古人，为什么这样糊涂？世人只知道骑马披甲，长矛强弓，就说我能为将，却不知道要有明察天道，辨识地利，比较衡量是否顺乎时势人心、明察通晓兴亡的能耐。只知道承上接下，积财聚谷，就说我能为相，却不知道要有敬神事鬼，移风易俗，调节阴阳，推荐选举贤圣之人的水平。只知道不谋私财，办理公事，就说我能治理百姓，却不知道要有诚己正人，治理有条理，救灾灭祸，教化百姓的本领。只知道执行律令，早判晚赦，就说我能平狱，却不知道侦察、取证、审讯、推断等种种技巧。在古代，不管是务农的、做工的、经商的、当仆人的、做奴隶的，还是钓鱼的、杀猪的、喂牛牧羊的人们中，都有显达贤明的先辈，可以作为学习的榜样，博学寻求，没有不利于成就事业啊！

原文

夫所以读书学问，本欲开心明目①，利于行耳。未知养亲者，欲其观古人之先意承颜②，怡声下气③，不惮劬劳④，以致甘腰⑤，惕然惭惧⑥，起而行之也。未知事君者，欲其观古人之守职无侵[7]，见危授命[8]，不忘诚谏[9]，以利社稷[10]，恻然自念[11]，思欲效之也。素骄奢者，欲其观古人之恭俭节用，卑以自牧[12]，礼为教本，敬者身基[13]，瞿然自失[14]，敛容抑志也[15]。素鄙吝者，欲其观古人之贵义轻财，少私寡欲，忌盈恶满，赒穷恤匮[16]，赧然悔耻[17]，积而能散也。素暴悍者，欲其观古人之小心黜己[18]，齿弊舌存[19]，含垢藏疾[20]，尊贤容众[21]，苶然沮丧[22]，若不胜衣也[23]。素怯懦者，欲其观古人之达生委命[24]，强毅正直[25]，立言必信，求福不回[26]，勃然奋厉[27]，不可恐慑也[28]。历兹以往，百行皆然，纵不能淳[29]，去泰去甚[30]，学之所知，施无不达。世人读书者，但能言之，不能行之，忠孝无闻，仁义不足。加以断一条讼，不必得其理；宰千户县，不必理其民；问其造屋，不必知楣横而棁竖也[31]；问其为田，不必知稷早而黍迟也。吟啸谈谑[32]，讽咏辞赋，事既优闲，材增迂诞[33]，军国经纶[34]，略无施用，故为武人俗吏所共嗤诋[35]，良由是乎[36]？

注释

①开心：开通心窍。明目：明亮眼睛。

②先意：探知父母的意旨。承颜：顺受父母的脸色。

③怡声：说话声音和悦。下气：呼吸不出声，表示极其恭顺，即所谓“大气也不敢出”。

④惮（dàn）：怕。劬（qú）：劳苦。

⑤甘腝（ruǎn）：甘，本指甜，引申为美味。腝：软。甘腝：指软美而为老年者爱吃的东西。

⑥惕：戒惧。

⑦侵：侵官，指越权侵犯人家的职守。

⑧见危授命：这见于《论语·宪问》，意思是遇到危难时不惜付出自己的生命。

⑨诚谏：忠谏。

⑩社稷：社；土地神。稷：谷神。中国古代是农业社会，所以社稷成了国家的代称。

⑪恻：凄怆。

⑫卑以自牧：这见于《易·谦》，牧是养的意思，卑以自牧，就是谦卑以自养其德。

⑬礼为……身基：据《左传》成公十三年有“礼，身之干也；敬，身之基也”的说法，这是说“礼敬”为立身的基干。

⑭自失：茫无所措。

⑮敛容：正容以表示肃敬。抑志：抑制高昂的志气。

⑯赒（zhōu）：周济，救济。

⑰赧（nǎn）：羞愧的脸色。

⑱黜（chù）：贬抑。

⑲齿弊舌存：这见于《说苑·敬慎》，意思是牙齿坚硬但先脱落，舌头柔软倒能存在。

⑳含垢藏疾：垢是污秽，疾是毛病，即对人家的缺点毛病包容而不指出，古人认为是美德。

㉑尊贤容众：对贤人尊重，对一般人也包容。

㉒苶（nié）：疲倦的样子。

㉓不胜衣：形容身体弱，弱得加上一件衣服都重得受不了。

㉔达生：《庄子》里有一篇叫《达生》，这里借来指通晓人生的意义而不怕死。委命：指一切听任天命，这里指不怕死。

㉕强毅：坚强果断。

㉖求福不回：这见于《诗·大雅·旱麓》，旧注为求福而不入于邪，回：为邪。这里指把好事干下去不回头。

㉗勃：奋发的样子。

㉘慑（shè）：使之畏惧屈服。

㉙淳：通“纯”。

㉚泰：过甚。

㉛楣（méi）：房屋的横梁，又门上的横木也叫横。棁（zhuó）：梁上的短柱。是竖着的。

㉜啸：撮口发出长而清越的声音，魏晋南北朝的士大夫常爱啸。

㉝迂诞：迂阔荒诞。

㉞军国：军务与国政。经纶（lún）：本是整理丝缕，引申为处理国家

大事。

㉟嗤（chī）：讥笑。诋（dǐ）：毁谤。

㊱良：确，真。

译文

所以要读书做学问，本意在于使心胸开阔使眼睛明亮，以有利于行。不懂得奉养双亲的，要他看到古人的探知父母的心意，顺受父母的脸色，和声下气，不怕劳苦，弄来甜美软和的东西，于是谨慎戒惧，起而照办。不懂得服侍君主的，要他看到古人的守职不越权，见到危难不惜生命，不忘对君主忠谏，以利国家，于是凄恻自念，要想效法。一贯骄傲奢侈的，要他看到古人的恭俭节约，谦卑养德，礼为教本，敬为身基，于是惊视自失，敛容抑气。一贯鄙吝的，要他看到古人的重义轻财，少私寡欲，忌盈恶满。周济穷困，于是羞愧生悔，积而能散。一贯暴悍的，要他看到古人的小心贬抑，齿弊舌存，待人宽容，尊贤纳众，于是疲倦沮丧，小心畏缩，仿佛承受不了衣服的重量。一贯怯懦的，要他看到古人的达生委命，强毅正直，说话必信，好事干下去不回头，于是勃然奋厉，不可慑服。这样历数下去，百行无不如此，即使难做得纯正，至少可以去掉过于严重的毛病，学习所得，用在哪一方面都会见成效。只是世人读书的，往往只能说到，不能做到，忠孝无闻，仁义不足。加以判断一件诉讼，不需要弄清事理；治理千户小县，不需要管好百姓；问他造屋，不需要知道楣是横而棁是竖；问他耕田，不需要知道稷是早而黍是迟。吟啸谈谑，讽咏辞赋，事情既很悠闲，人材更见迂诞，处理军国大事，一点没有用处，从而被武人俗吏们共同讥谤，确是由于上述的原因吧？

原文

夫学者所以求益耳。见人读数十卷书，便自高大，凌忽长者①，轻慢同列②，人疾之如雠敌，恶之如鸱枭③。如此以学自损，不如无学也。

古之学者为己，以补不足也；今之学者为人，但能说之也。古之学者为人，行道以利世也；今之学者为己，修身以求进也④。夫学者犹种树也，春玩其华，秋登其实[5]，讲论文章，春华也；修身利行，秋实也。

注释

①凌：欺凌。忽：轻视。长者：辈分高、地位高的人。

②同列：同在朝班，同事。

③鸱枭（xiāo）：即鸱鸮。

④进：仕进，做官。

⑤登：成熟收获。

译文

学者是要求有所进益的。看到有的人读了几十卷书，就自高自大，欺凌长者，看不起同事，使人家把他痛恨得像仇敌，厌恶得像鸱枭。像这样以学而使自己受损，还不如不学习。

古时候的学者为自己，用学来补自己的不足；如今的学者为别人，只能口头空说。古时候的求学者为别人，是行道以利当世；如今的求学者为自己，是修身以求做官。学习好比种树，春天赏玩花朵，秋天收获果实，讲说讨论文章，是春天的花朵；修身以利言行，是秋天的果实。

原文

人生小幼，精神专利[1]，长成已后，思虑散逸，固须早教，勿失机也。吾七岁时，诵《灵光殿赋》[2]，至于今日，十年一理[3]，犹不遗忘。二十以外，所诵经书，一月废置，便至荒芜矣[4]。然人有坎凛[5]，失于盛年，犹当晚学，不可自弃。孔子曰："五十以学《易》，可以无大过矣。"魏武、袁遗，老而弥笃[6]；此皆少学而至老不倦也。曾子十七乃学[7]，名闻天下；荀卿五十始来游学[8]，犹为硕儒；公孙弘四十余方读《春秋》[9]，以此遂登丞相；朱云亦四十始学《易》、《论语》[10]，皇甫谧二十始受《孝经》、《论语》[11]，皆终成大儒：此并早迷而晚寤也。世人婚冠未学，便称迟暮，因循面墙[12]，亦为愚耳。幼而学者，如日出之光；老而学者，如秉烛夜行，犹贤乎瞑目而无见者也[13]。

注释

①专利：专一，集中注意力。

②《灵光殿赋》：西汉宗室鲁恭王建有灵光殿，经战乱到东汉时巍然独存，东汉王延寿为此写了《鲁灵光殿赋》，今存《文选》里。

③理：对书本作温习。

④荒芜：此指对书本荒疏。

⑤坎壈（kǎn lǐn）：困顿不得志。

⑥魏武：魏武帝曹操曾说："长大而能勤学的，只有他自己和袁遗，见《三国志·魏志·武帝纪》注。袁遗：袁绍的从兄。笃：认真，专心致志。

⑦曾子：指孔子的弟子曾参。

⑧荀卿：荀卿是战国儒家大师，传见《史记》。

⑨公孙：公孙弘是西汉武帝时丞相，传见《汉书》。

⑩朱云：是西汉元帝成帝时经学家，传见《汉书》。

⑪皇甫：皇甫谧（mì）是西晋时学者，传见《晋书》。

⑫因循：沿袭保守。面墙：面对着墙壁一无所见，常用来比喻不学。

⑬瞑（míng）目：闭上眼睛。

译文

人生在幼小的时期，精神专一，长成以后，思虑分散，这就该早教，不要失掉机会。我七岁时候，诵读《灵光殿赋》，直到今天，十年温习一次，还不忘记。二十岁以后，所诵读的经书，一个月搁置，就荒疏了。但人会有困顿不得志而壮年失学，还该晚学，不可以自弃。孔子就说过："五十岁来学《易》经可以没有大过失了。"曹操、袁遗老而更专心致志；这都是从小学习到老年仍不厌倦。曾参十七岁才学，而名闻天下；荀卿五十岁才来游学，还成为儒家大师；公孙弘四十多岁才读《春秋》，凭此就做上丞相；朱云也到四十岁才学《易》经、《论语》，皇甫谧二十岁才学《孝经》、《论语》，都终于成为大儒；这都是早年迷糊而晚年醒悟。世上人到三、三十婚冠之年没有学，就自以为太晚了，因循保守而失学，也太愚蠢了。幼年学的像太阳刚升起的光芒；老年学的，像夜里走路拿着蜡烛，总比闭上眼睛什么也看不见要好。

原文

学之兴废，随世轻重。汉时贤俊，皆以一经弘圣人之道①，上明天时②，下该③人事，用此致卿相者多矣。末俗④已来不复尔，空守章句⑤，但诵师言，施之世务，殆无一可。故士大夫子弟，皆以博涉为贵，不肯专儒⑥。梁朝皇孙以下，总丱之年⑦，必先入学⑧，观其志尚，出身⑨已后，便从文吏⑩，略无卒业⑪者。冠冕，而为上者，则有何胤、刘瓛、明山宾、周舍、朱异、周弘正、贺琛、贺革、萧子政、刘绍等，兼通文史，不徒讲说也。洛阳亦闻崔浩、张伟、刘芳，邺下又见邢子才：此四儒者，虽好经术，亦以才博擅名。如此诸贤，故为上品。以外率多田野间人，音辞鄙陋，风操蚩⑫拙，相与专固⑬，无所堪能。问一言辄酬数百，责其指归，或无要会⑭。邺下谚云："博士⑮买驴，书券⑯三纸，未有'驴'字。"使汝以此为师，令人气塞⑰。孔子曰："学也，禄在其中矣。"今勤无益之事，恐非业也。夫圣人之书，所以设教，但明练经文，粗通注义，常使言行有得，亦足为人；何必"仲尼居"⑱即须两纸疏义，燕寝、讲堂⑲，亦复何在？以此得胜，宁有益乎？光阴可惜，譬诸逝水。当博览机要⑳，以济功业，必能兼美，吾无间㉑焉。

注释

①汉时之道：西汉时盛行的是今文经学，学者只要在《五经》中读通一种经，能用来联系当时的政治就行。

②上明天时：西汉今文经学提倡所谓"天人感应"之说，说天象变化和人间政事有密切关系，这当然是迷信。

③该：包括，通贯。

④末俗：晚近的习俗，一般都指不好的习俗。

⑤章句：指古书的间节句读。今文经学大师们对所治的《经》都作了章句，但后人只抱住这点章句之学，和实际脱节。

⑥专儒：专守只知章句的儒生之学。

⑦丱（guàn）：古时儿童的发髻向上分开成两角的样子。总丱之年：指童年时代。

⑧入学：指进入国子学。当时规定五品以上官员子弟可以进入国子学，也称国学。

⑨出身：指出仕，开始做官。

⑩文吏：文官。

⑪略无：很少有。卒业：完毕学业。

⑫蚩：通“媸”，丑陋。

⑬专固：专断保守。

⑭要会：要领。

⑮博士：当时国子学里主讲每一种《经》的人，此泛指治经执教的人。

⑯券：买卖的契约。

⑰气塞：气沮，沮丧得说不出话来。

⑱“仲尼居”：仲尼是孔子的字，居是一种坐的姿势。这是《孝经》第一章的开头第一句。

⑲燕寝：闲居之处。讲堂：讲习之所。

⑳机要：机微精要的东西。

㉑间：嫌隙，此处有指点批评的意思。

译文

学习风气是否浓厚，取决于社会是否重视知识的实用性。汉代的贤能之士，都能凭一种经术来弘扬圣人之道，上通天文，下知人事，以此获得卿相官职的人很多。末世清谈之风盛行以来，读书人拘泥于章句，只会背读师长的言论，用在时务上，几乎没有一件用得上。所以士大夫的子弟，都讲究多读书，不肯专守章句。梁朝贵族子弟，到童年时代，必须先让他们入国学，观察他们的志向与崇尚，走上仕途后，就做文吏的事情，很少有完成学业的。世代当官而从事经学的，则有何胤、刘瓛、明山宾、周舍、朱异、周弘正、贺琛、贺革、萧子政、刘绍等人，他们都兼通文史，不只是会讲解经术。我也听说在洛阳的有崔浩、张伟、刘芳，在邺下又见到邢子才，这四位儒者，不仅喜好经学，也以文才博学闻名，像这样的贤士，自然可称上品。此外，大多数是田野间人，言语鄙陋，举止粗俗，还都专断保守，什么能耐也没有，问一句就得回答几百句，辞不达意，不得要领。邺下有俗谚说：“博士买驴，写了三张契约，没有一个‘驴’字。”如果让你们拜这种人为师，会被他气死了。孔子说过：“好好学习，俸禄就在其中。”现在有人只在无益的事上尽力，恐怕不算正业吧！圣人的典籍，是用来讲教化的，只要熟悉经文，粗通传注大义，常使自己的言行得当，也足以立身做人就行了。何必“仲尼居”三个字就得用上两张纸的注释，去弄清楚究竟“居”是在闲居的内室还是在讲习经术的厅堂，这样就算讲对了，这一类的争议有什么意义呢？争个谁高谁低，又有什么益处呢？光阴似箭，应该珍惜，它像流水一样，一去不复还。应当博览经典著作之精要，用来成就功名事业，如果能两全其美，那样我自然也就没必要再说什么了。

原文

俗间儒士，不涉群书，经纬①之外，义疏而已。吾初入邺，与博陵②崔文彦交游，尝说《王粲集》中难郑玄③《尚书》事，崔转为诸儒道之。始将发口，悬见排蹙④，云：“文集只有诗赋、铭、诔⑤，岂当论经书事乎？且先儒之中，未闻有王粲也。”崔笑而退，竟不以《粲集》示之。魏收之在议曹，与诸博士议宗庙事，引据《汉书》，博士笑曰：“未闻《汉书》得证经术。”收便忿怒，都不复言，取《韦玄成传》，掷之而起。博士一夜共披⑥寻之，达明，乃来谢曰：“不谓玄成如此学也。”

注释

①经纬：经书和纬书。经书指儒家经典著作，纬书是汉代混合神学附和儒家经义的书。

②博陵：郡名，治所博陵县在今河经蠡（lǐ）县。

③王粲：东汉末文学家，传见《三国志·魏书》。郑玄：东汉末经学家，遍注《周易》《尚书》《毛诗》《三礼》《论语》等书。传见《后汉书》。

④悬：凭空地，没有理由地。排蹙（cù）：排斥，斥责。

⑤铭：古代刻在碑石、器物上的一种文体，多申鉴戒或歌颂功德。诔（lěi）：古代用来表彰死者德行并致哀悼的一种文体，仅能用于上对下。

⑥披：指打开书卷。

译文

世俗的儒生，不博览群书，除了研读经书、纬书以外，只看注解儒家经术的著作而已。我刚到邺下的时候，和博陵的崔文彦交往，曾对他讲起王粲的文集里有驳难郑玄所注《尚书》的地方。崔文彦转向儒生们讲述这个问题，才开口，便被凭空排斥，说什么："文集里只有诗、赋、铭、诔，难道会有讲论经书的问题吗？何况在先儒之中，没听说有个王粲。"崔文彦含笑而退，终于没把王粲的集子给他们看。魏收在议曹的时候，和几位博士议论宗庙的事，他引用《汉书》作论据，博士们笑道："没有听说《汉书》可以用来论证经学。"魏收很生气，不再说什么。拿出《韦玄成传》丢在他们面前站起来就离开了。博士们一通宵把《韦玄成传》一起披阅寻找，到了天亮，才前来向魏收致歉道："原来不知道韦玄成还有这样的学问啊！"

原文

夫老、庄之书[1]，益全真养性，不肯以物累己也。故藏名柱史[2]，终蹈流沙[3]；匿迹漆园[4]，卒辞楚相[5]；此任纵[6]之徒耳。何晏、王弼，祖述玄宗[7]，递相夸尚，景附草靡[8]，皆以农、黄之化[9]，在乎己身，周、孔[10]之业，弃之度外[11]。而平叔以党曹爽见诛，触死权[12]之网也；辅嗣以多笑人被疾，陷好胜之阱[13]也；山巨源[14]以蓄积取讥，背多藏厚亡[15]之文也；夏侯玄[16]以才望被戮，无支离拥肿[17]之鉴也；荀奉倩[18]丧妻，神伤而卒，非鼓缶之情[19]也；王夷甫[20]悼子，悲不自胜，异东门之达[21]也；嵇叔夜[22]排俗取祸，岂和光同尘[23]之流也；郭子玄以倾动专势[24]，宁后身外己[25]之风也；阮嗣宗[26]沉酒荒迷，乖畏途相诫[27]之譬也，谢幼舆[28]赃贿黜削，违弃其余鱼[29]之旨也；彼诸人者，并其领袖，玄宗所归。其余桎梏尘滓[30]之中，颠仆名利[31]之下者，岂可备言乎！直取其清谈雅论，剖玄析微，宾主往复[32]，娱心悦耳，非济世成俗之要也。洎于梁世，兹风复阐[33]，《庄》《老》《周易》，总谓《三玄》。武皇、简文[34]，躬自讲论。周弘正奉赞大猷[35]，化行都邑，学徒千余，实为盛美。元帝在江、荆间，复所爱习，召置学生，亲为教授，废寝忘食，以夜继朝，至乃倦剧[36]愁愤，辄以讲自释[37]。吾时颇预末筵[38]，亲承[39]音旨，性既顽鲁，亦所不好云。

注释

①老、庄之书：《老子道德经》，相传是先秦时老子所撰写。《庄子》内篇当是战国时庄子撰写，外篇、杂篇多数是这一学派的人所撰写。这两部书在魏晋南北朝玄学盛行时几乎成为高级知识分子的必读之书。

②藏名柱史：老子做过周代守藏室的史，也就是管理图书的柱下史，藏名柱史，就是做柱下史而不为人们所知晓的意思。

③终蹈流沙：传说老子最后西游，进入流沙，不知所终。流沙：当指今新疆境内的沙漠。

④匿迹漆园：庄子做过漆园吏。匿迹：也是不露声色，不为人们所知晓的意思。

⑤卒辞楚相：据说楚国要聘庄子为相，庄子辞谢。

⑥任纵：任性放纵。

⑦玄宗：道家把“道”别称为玄宗，指道教。

⑧景：“影”的本字。靡：随风倒下。

⑨农、黄之化：指道家的教化。道家把神话传说中的古帝王神农、黄帝假托为他们这个学派的创始人。

⑩周、孔：周公和孔子。西周初年辅佐成王的周公旦，当时曾把周公说成是先圣，比先师孔子的地位还高，周、孔之业就指儒家的学问。

⑪弃之度外：今常作“置之度外”，即不予考虑。

⑫死权：为权势而死。

⑬阱：陷坑。

⑭山巨源：西晋大臣山涛，字巨源，曾是讲玄学的“竹林七贤”之一，传见《晋书》。

⑮多藏厚亡：意思是收藏得多的散失也多。见《老子》。

⑯夏侯玄：曹魏玄学家，被司马师所杀，传见《三国志·魏志》。

⑰支离：是《庄子·人世间》里所提到的畸形人，以畸形而能终其天年。拥肿：是《庄子·逍遥游》里讲一种叫樗（cūn）的大树，树干拥肿，小枝拳曲，因无用也就不被匠人砍伐，这里说的“拥肿”便是指樗。

⑱荀奉倩（qiàn）：曹魏荀粲字奉倩，妻死后虽不哭而神伤，不久自己也死亡，见《世说新语·惑溺》注引《荀粲别传》。

⑲鼓缶（fǒu）之情：《庄子·至乐》里说，庄子妻死，庄子箕踞鼓盆而歌，缶就是瓦盆。

⑳王夷甫：西晋王衍字夷甫，他在幼子死去后悲不自胜（不能克制自己）。

㉑东门之达：《列子·力命》里说，魏国有个东门吴的，儿子死了不忧愁，理由是他当初没有儿子并不忧愁。

㉒嵇叔夜：曹魏玄学家嵇康，字叔夜，“竹林七贤”之一。

㉓和光同尘：不露锋芒，与世无争。见《老子》第四章。

㉔郭子玄：西晋玄学家郭象，字子玄。倾动：指权势震动，专势即专权。

㉕后身外己：是让自身居后反而会占先，见《老子·七章》。

㉖阮嗣宗：曹魏玄学家阮籍，字嗣宗，“竹林七贤”之一，常以酣醉不问世事来保全自身，传见《晋书》。

㉗畏途相诫：意思是不要随便外出以免遇到危险，见《庄子·达生》。

㉘谢幼舆：西晋玄学家谢鲲（kūn），字幼舆，曾因家僮取用公家的麦草而被削除官职，因为这也是一种贪污行为，传见《晋书》。

㉙弃其余鱼：意思是庄子见惠子拥有那么多的财富，对他很反感，把自己吃剩的鱼都丢弃了，以示节俭知足之意。

㉚桎梏尘滓：意思是为尘俗所桎梏，即在尘俗中混日子。

㉛颠仆（pū）名利：意思是为名利而奔走倾跌。仆：向前跌倒。

㉜往复：问答。

㉝阐（chǎn）：开，广。

㉞武皇：南朝萧梁的梁武帝萧衍。简文：梁简文帝萧纲。

㉟大猷（yóu）：治国的大道。

㊱倦剧：非常疲倦。

㊲释：宽解，排遣。

㊳末筵：末席，末座，卑下的位次，是一种自谦语。

㊴承：接受，听取。

译文

老子、庄子的著作，强调修身养性，保全本质，不肯让外物妨碍自身的天性。所以，老子隐姓埋名在周朝担任柱下史，最后进入了流沙；隐居起来。庄子在漆园隐身匿迹，终于辞却了楚相；他们都是无所拘束，自由自在的人。何晏、王弼师法前人，论述道教的玄理，竞相宣扬崇尚道教。当时的人如影随形，如草随风一样地追随他们，都以神农、黄帝的教化作为立身之本，将周公、孔子的儒家经术置之度外。何晏因与曹爽结党而被诛杀，陷入争权夺利的罗网；王弼因讥笑别人而遭人憎恨，掉进争强好胜的陷阱；山巨源因蓄积财物而遭人讥讽，重蹈积蓄越多、失去越多的覆辙；夏侯玄因炫耀才学名望而被害，没有借鉴“支离拥肿”的经验，荀奉倩丧妻后，因过度悲伤而死，没有像庄子那样，丧妻后鼓盆而歌的通达之情；王夷甫丧子后，悲伤不已，不像东门子丧子后无忧达观；嵇康因不随流入俗而遭祸害，并不是随流合众之人；郭子玄权势震动一时，没有达到甘于人后、忘掉自我的境界；阮嗣宗好酒贪杯、荒诞迷乱，背离了险途中应该小心谨慎的古训；谢幼舆因贪赃枉法而被罢官，违背了不应该贪得无厌的教义。以上这些人物，都是其中的领袖，都是皈依道教的。其余那些受到尘世污浊之风的熏染，为名利奔走的人，难道还值得细说吗！这些人只是会高谈阔论，剖析玄奥微妙的义理，宾主之间互相问答，娱心悦耳而已，并不把它当作救世匡俗的要道。到了梁代，这种清谈之风又盛行起来，《庄子》《老子》和《周易》，总称为《三玄》，梁武帝和简文帝都亲自讲解评论。还有周弘正奉命传播道教，在都邑教化推行，门徒有一千多人，真可谓盛况空前。梁元帝在江州、荆州期间，也很喜欢讲习《三玄》，召集门生，亲自传授，废寝忘食，夜以继日，甚至倦极愁愤的时候，就用讲授来排遣。我当时多次到现场末席，亲自听他讲授，只是自己生性愚钝，也不太爱好这一类的说教。

原文

古人勤学，有握锥、投斧①，照雪、聚萤②，锄则带经③，牧则编简④，亦为勤笃。梁世彭城刘绮⑤，交州刺史勃之孙⑥，早孤家贫，灯烛难办，常买荻尺寸折之，然明夜读。孝元初出会稽⑦，精选寮宋⑧，绮以才华，为国常侍兼记室⑨，殊蒙礼遇，终于金紫光禄⑩。义阳朱詹⑪，世居江陵，后出扬都，好学，家贫无资，累日不爨⑫，乃时吞纸以实腹，寒无毡被⑬，抱犬而卧，犬亦饥虚⑭，起行盗食，呼之不至，哀声动邻，犹不废业，卒成学士，官至镇南录事参军⑮，为孝元所礼。此乃不可为之事，亦是勤学之一人。东莞臧逢世⑯，年二十余，欲读班固《汉书》，苦假借不久，乃就姊夫刘缓乞丐客刺书翰纸末⑰，手写一本，军府服其志尚，卒以《汉书》闻。

注释

①握锥（zhuī）：战国时苏秦读书将倦睡，就用锥刺股，见《战国策·秦策》。锥：有尖头的用来钻孔的工具。投斧：西汉时文党和别人一起讲山伐木，说自己想远出学习，试投斧树上，斧挂住就去，结果斧真的挂住了，他就去长安，见《太平御览》引《庐江七贤传》。

②照雪：东晋孙康家贫，常映雪读书，见《太平御览》引《宋齐语》。聚萤：东晋车胤家贫，夏月萤火虫放在囊中取光读书，传见《晋书》。

③锄则带经：西汉儿宽带着经书锄地，休息时就诵读，传见《汉书》。

④牧则编简：西汉路温舒牧羊时取泽中蒲作简，编连起来书写，传见《汉书》。

⑤彭城：这是南朝刘宋时设置的郡，治所彭城县，即今江苏徐州。

⑥交州：当时治所龙编，在今越南河内东天德江北岸。

⑦孝元初出会稽：梁武帝天监十三年（514），萧绎封湘东王，出任会稽太守。会稽郡的治所山阴，即今浙江绍兴。

⑧寮宋（liáo cài）：僚属，即幕僚属官。寮：通“僚”。宋是官。

⑨国常侍：萧绎当时是湘东王，王国仿照中央也设有常侍，是王左右

的亲近显贵官。记室：中记室参军的省称，掌管章奏文书等工作。

⑩金紫光禄：金紫光禄大夫的省称，梁时官分十八班，班多为贵，金紫光禄大夫是十四班，已属显贵。

⑪义阳：郡名，治所义阳县，在今河南信阳。

⑫爨（cuàn）：烧火做饭。

⑬毡（zhān）：用羊毛或其他动物毛压成，可御寒。

⑭虚：腹中空虚。

⑮镇南录事参军：萧绎在梁武帝大同六年（540）出任使持节都督江州诸军事、镇南将军、江州刺史，录事参军就是镇南将军属下的录事参军。

⑯东莞（guǎn）：县名，在今山东莒县。

⑰乞丐：乞求，向人讨。客刺：名帖，相当于今天的名片，不过纸幅宽大。

译文

古人勤学，有的握锥、投斧，有的照雪、聚萤，还有人锄地时带经书，在休息时就诵读，也有人在放牧时取泽中蒲作简，编连起来书写，这些都堪称勤奋读书、专心致学的范例。梁代有位彭城人刘绮，是交州刺史刘勃的孙儿，早年失去亲人，家境贫寒，没有能力置备灯烛，常买了荻一尺一寸地折断，点着照明夜读。元帝最初出任会稽太守，仔细挑选僚属，刘绮因有才华，被任为湘东国的常侍兼充记室，常管章奏文书工作，很受礼遇，最后官至金紫光禄大夫。还有位义阳人朱詹，世代住在江陵，后来出居扬都，爱好学习，家贫缺乏资财，接连多天不生火做饭，常常吞下纸来填肚子，寒冷没有毡被，抱只狗睡眠，狗也饿空了肚子，起来跑到外面偷食吃，叫它不来，哀号的声音惊动邻居，但仍不废学业，终于成为学士，官做到镇南将军属下的录事参军，被元帝所礼遇。这个人所做的是别人做不到的事情，也真是一位勤学者。再有位东莞人臧逢世，二十多岁时，要读班固著的《汉书》，苦于向人借时间不能太长，就向姐夫刘缓乞讨名帖书翰纸末，亲手抄写一部，军府里的人佩服他有志气，终于以精通《汉书》著称。

原文

邺平之后，见徒入关。思鲁尝谓吾曰[①]：“朝无禄位，家无积财，当肆筋力，以申供养[②]。每被课笃[③]，勤劳经史，未知为子，可得安乎？”吾命之曰：“子当以养为心，父当以学为教。使汝弃学徇财[④]，丰吾衣食，食之安得甘？衣之安得暖？若务先王之道，绍家世之业，藜羹缊褐[⑤]，我自欲之。”

注释

①思鲁：颜之推的长子颜思鲁。

②申：表达。

③课：按照规定的内容分量讲授学习。笃：应读作“督”，督促。

④徇（xùn）财：以身求财。徇：通“殉”。

⑤藜羹（lí gēng）：用豆叶之类做成的汤，指粗劣的饭菜。缊（yùn）：乱麻，用乱麻为絮的袍子，贫贱者所服。褐：粗布衣服。

译文

邺下平定以后，我被迁送进关中。大儿思鲁曾对我说：“朝廷上没有禄位，家里面没有积财，应该多出气力，来表达供养之情。而每被课程督促，在经史上用苦功夫，不知做儿子的能安心吗？”我教训他说：“做儿子的应当以养为心，做父亲的应当以学为教。如果叫你放弃学业而一意求财，让我衣食丰足，我吃下去哪能觉得甘美，穿上身哪能感到暖和？如果从事于先王之道，继承了家世之业，即使吃粗劣饭菜、穿乱麻衣服，我自己也愿意。”

原文

校订书籍，亦何容易，自扬雄、刘向[①]，方称此职耳。观天下书未遍，不得妄下雌黄[②]。或彼以为非，此以为是，或本同末异，或两文皆欠，不可偏信一隅[③]也。

注释

①扬雄：西汉大文学家，曾在皇室的天禄阁校书，传见《汉书》。刘向：西汉大学者，在校定古书上有极大贡献，传附见《汉书·楚元王传》。

②雌黄：本是一种矿物，可制作黄色的颜料，古书用黄纸卷子书写，所以写错了字要用雌黄涂去，从而也称校改书籍为“雌黄”。

③一隅（yú）：一个角落，一个方面。

译文

校勘写订书籍，也很不容易，只有当年的扬雄、刘向才算得上是称职的。如果没有读遍天下的典籍，就不可以妄下雌黄修改校定。有的那个本子以为错，这个本子认为对；有的观点大同小异，有的两个本子的文字都有欠缺，所以不能偏听偏信，倒向一个方面。

阅读延伸

颜之推曾孙、颜真卿祖父

颜昭甫

初名显甫，避唐中宗名讳，改昭甫，字周卿。唐琅琊临沂人。颜勤礼长子，颜师古之侄，颜真卿祖父。

幼而颖悟，尤明训诂。工书，擅长篆、隶、草书，对金文、古鼎之籀文有较深的造诣，有硕儒之称。为伯父颜师古所器重，每有著述，必让其参定。当时外邦献得古鼎，上有铭篆二十余字，朝臣皆未能辩识，独颜昭甫能全部读出。历官汝南太守，曹王、晋王侍读。他的书法与内弟殷仲容齐名，而劲利过之。

颜昭甫与其弟颜敬仲为其父颜勤礼的原配夫人殷氏所生。殷氏亡后，颜勤礼的继配夫人柳氏是中书令柳奭的妹妹，而柳奭是高宗皇后王氏的外祖父。后来柳奭与顾命大臣褚遂良等人因维护王皇后，反对册立武则天为后之事被诛，颜勤礼也遭牵连，坐贬夔州长史，凡柳夫人所生之子（殆庶、无恤、少连、务滋、辟强五人）则终身不得仕进。吏部郎中颜敬仲虽非柳氏所生，但也因此受到酷吏的诬害。

唐至德三年（公元758年），颜昭甫被追赠为华州刺史。

文章篇九

原文

夫文章者，原出《五经》。诏、命、策、檄①，生于《书》者也；序、述、论、议②，生于《易》者也；歌、咏、赋、颂③，生于《诗》者也；祭、祀、哀、诔④，生于《礼》者也；书、奏、箴、铭⑤，生于《春秋》者也。朝廷宪章⑥，军旅誓、诰⑦，敷⑧显仁义，发⑨明功德，牧民⑩建国，不可暂无。至于陶冶性灵⑪，从容讽谏⑫，入其滋味，亦乐事也。行有余力，则可习之。然而自古文人，多陷轻薄；屈原露才扬己，显暴君过；宋玉体貌容冶，见遇俳优；东方曼倩⑬，滑稽不雅；司马长卿⑭，窃资无操；王褒过章《僮约》⑮；扬雄德败《美新》⑯；李陵⑰降辱夷虏；刘歆⑱反覆莽世；傅毅⑲党附权门；班固⑳盗窃父史；赵元叔抗竦㉑过度；冯敬通㉒浮华摈压；马季长佞媚获诮㉓；蔡伯喈㉔同恶受诛；吴质㉕诋忤乡里；曹植㉖悖慢犯法；杜笃乞假㉗无厌；路粹㉘隘狭已甚；陈琳实号粗疏㉙；繁钦性无检格㉚；刘桢屈强输作㉛；王粲率躁见嫌㉜；孔融、弥衡㉝，诞傲致殒；杨修、丁廙，扇动取毙㉞。

注释

①诏、命、策：三种文体，都是皇帝颁发的命令文告。檄：一种文体，用于声讨或征伐。

②序、述、论、议：古代的四种文体，前两种相当于今天的记叙文，后两种相当于今天的议论文。

③歌、咏：诗歌。赋：古代的一种文体，铺陈华丽，讲究骈偶，多用典故，韵文与散文相错。颂：古代一种文体，用于赞颂。

④祭：祭文。祀：古代祭祀时的乐歌。哀、诔（lěi）：哀悼死者，记述死者生平的文章，哀又特指哀悼短夭者的文章。

⑤书、奏：古时臣下向朝廷上书的文章。箴：用于规戒的文章。铭：用于赞颂或警戒的文章。

⑥宪章：最重要的官方文书。

⑦誓：誓言、誓约。诰：古代以上训下的号令式的文章。

⑧敷：宣扬、阐发。

⑨发：扩张。

⑩牧民：治理百姓，我国古代把治理百姓比做放牧牲畜，所以叫“牧民”。

⑪陶冶：陶铸，化育。性灵：性情灵感。

⑫讽谏：不直言其事，用委婉的语言劝谏。

⑬东方曼倩：东方朔，字曼倩，西汉文学家，以滑稽侍奉汉武帝，传见《汉书》。

⑭司马长卿：司马相如，字长卿，西汉文学家，传见《史记》。他曾投靠富人卓王孙，卓王孙女儿文君爱他，一同偷去成都，卓王孙不得已分了财物给他俩，“无操”即指此事。

⑮王褒：西汉文学家，传见《汉书》。《僮约》是他写的一篇文章，其中讲他到寡妇杨惠家里去，这在封建社会认为是过失。

⑯扬雄德败《美新》：扬雄写过《剧秦美新》的文章，用否定秦朝来歌颂王莽的新朝，由于后来王莽垮台，写这文章就成为失德的行为。

⑰李陵：西汉时大将，因后人伪造他给苏武的诗，所以也把他当作文学家。他因战败力竭降了匈奴，传附见《史记·李将军传》。

⑱刘歆：刘向之子，西汉大学者，起初支持王莽，后反莽不成而自杀，传附见《汉书·楚元王传》。

⑲傅毅：东汉文学家，曾任外戚大将军窦宪的司马，传见《后汉书》。

⑳班固：班固的《汉书》是以其父班彪的史稿为基础续成的，但司马迁的《史记》也用过其父司马谈的旧稿，这是当时修史的习惯，本无可厚非，到颜之推时已不习惯这种做法，故称盗窃。

㉑赵元叔：赵壹，字元叔，东汉文学家，恃才倨傲，见显贵司徒袁逢仅是长揖，传见《后汉书》。抗竦（sǒng）：高抗竦立。

㉒冯敬通：冯衍，字敬通，东汉文学家，人们说他“文过其实”，压

制他不予重用，传见《后汉书》。

㉓马季长：马融，字季长，东汉经学家、文学家，佞媚外戚梁冀，为正直者所羞，传见《后汉书》。佞：用花言巧语去谄媚。诮：讥嘲。

㉔蔡伯喈（jiē）：蔡邕，字伯喈，东汉文学家，曾为董卓擢用，王允诛董卓，蔡邕言之而叹，被王允治罪，死于狱中，传见《后汉书》。

㉕吴质：曹魏文学家，不与乡里往来应酬，受到歧视，传附见《三国志·魏志·王粲传》。

㉖曹植：本封陈王，因醉酒悖慢贬为安乡侯，传见《三国志·魏志》。

㉗杜笃：东汉文学家，和当地县令往来，多次以私事乞求，终至闹翻，传见《后汉书》。乞假：借贷。

㉘路粹：东汉末年曹魏的文学家。隘狭：气量狭小。

㉙陈琳：曹魏文学家。粗疏：粗心疏忽。

㉚繁钦：曹魏文学家。检格：即法式。

㉛刘桢：曹魏文学家。因事受罚，配在尚方磨石。屈强：即倔强，输作：罚做苦工。

㉜王粲：性躁竞。率：轻率。躁：急躁不安静，竞：竞争，急于做官。

㉝孔融：东汉末文学家，因言论偏激，得罪曹操被杀。弥衡：东汉末文学家，因傲慢被黄祖所杀，传均见《后汉书》。

㉞杨修、丁廙（yì）：在曹魏的文学家，都是曹植的党羽，想帮助曹植当太子，结果失败，先后被曹操、曹丕所杀。扇动：即煽动。

译文

文章，都源出于《五经》：诏、命、策、檄，是《书》所派生；序、述、论、议，是《易》所派生；歌、咏、赋、颂，是《诗》所派生；祭、祀、哀、诔，是《礼》所派生；书、奏、箴、铭，是《春秋》所派生，朝廷的宪章，军队的誓、诰，宣扬仁义，彰明功德，对于治民建国来说是不能一刻没有的。至于陶冶性灵，从容讽谏，能够体会其中的滋味，也是人生乐事，如有多余的精力，自可以学习。然而自古以来的文人，多失于轻薄：屈原夸扬才能，公开暴露君主的过错；宋玉长相美丽，被君王当做杂耍艺人；东方曼倩，言辞滑稽而欠大雅；司马长卿，巧取资财而无操行；王褒的过失见于《僮约》；扬雄的品德坏于《美新》；李陵降辱于匈奴；刘歆反覆于新莽；傅毅党附权门；班固窃取父史；赵元叔性格高抗而过度；冯敬通因浮华被排斥；马季长谄媚而被讥嘲；蔡伯喈党同罪人而受诛害；吴质诋忤于乡里；曹植悖慢而犯法；杜笃乞求借贷无厌；路粹气量过分狭小；陈琳确实粗疏；繁钦性无检格；刘桢仍倔强于输作；王粲因轻躁被嫌弃；孔融、弥衡，以言论偏激傲慢而被杀；杨修、丁廙，因煽动策立太子而取死。

解题

文章，此指文章理论。我国古代有人在文章写作的理论方面下功夫研究，南齐末年刘勰撰成的《文心雕龙》，就是人所共知的文章理论名著。颜之推这篇是继《文心雕龙》之后的名作。

原文

阮籍①无礼败俗，嵇康凌物凶终②，傅玄忿③斗免官，孙楚矜夸凌上④，陆机犯顺履险⑤，潘岳干没⑥取危，颜延年负气⑦摧黜，谢灵运空疏乱纪⑧，王元长凶贼自诒⑨，谢玄晖侮慢见及⑩。凡此诸人，皆其翘秀⑪者，不能悉记，大较⑫如此。至于帝王，亦或未免。自昔天子而有才华者，唯汉武、魏太祖、文帝、明帝、宋孝武帝⑬，皆负世议，非懿德⑭之君也。自子游、子夏、荀况、孟轲、枚乘、贾谊、苏武、张衡、左思之俦⑮，有盛名而免过患者，时复闻之，但其损败⑯居多耳。每尝思之，原其所积⑰，文章之体，标举兴会⑱，发引⑲性灵，使人矜伐⑳，故忽于持操㉑，果于进取㉒。今世文士，此患弥切㉓，一事㉔惬当，一句清巧㉕，神厉九霄㉖，志凌千载，自吟自赏，不觉更有傍人。加以砂砾所伤㉗，惨于矛戟，讽刺之祸，速乎风尘㉘。深宜防虑，以保元吉㉙。

注释

①阮籍：阮籍母死，与人围棋不停止，人家去吊丧，他醉而直视，这

在当时都算不讲礼仪败风俗的大事。

②嵇康：钟会去看嵇康，嵇康不为之礼，钟会在司马昭前进谗杀害嵇康。凌物：欺侮别人。凶终：不得善终，被杀。

③傅玄：西晋文学家，与人争论喧哗而被免官。忿：同“愤”，气愤。

④孙楚：西晋文学家，以才气自负，对上级不礼貌。矜夸：夸耀自己长处。

⑤陆机：西晋文学家，赵王司马伦专权篡位，而陆机为其僚属。犯顺：指造反作乱。履险：指做危险的事情。

⑥潘岳：西晋文学家，性轻躁，趋世利，其母教训他：“尔当知足，而干没不已乎？”最终为赵王伦所杀。干没：侥幸取利。

⑦颜延年：颜延之字延年，南朝刘宋文学家，因作《五君咏》，为宋文帝免职。负气：恃其意气不能屈居人下。

⑧谢灵运：南朝刘宋文学家，以谋叛被杀。空疏：指没有实在的本领。乱纪：作乱。

⑨王元长：王融，字元长，南齐文学家，齐武帝死，他拥立竟陵王萧子良，不成被杀。凶贼自诒：凶逆作乱终于自己被害。

⑩谢朓：字玄晖，南齐文学家，因轻视江祏，被害死于狱中。见及：这里指被陷害。

⑪翘秀：翘楚秀出，高出于众人的。

⑫大较：大略，大概。

⑬汉武：西汉武帝刘彻。魏太祖：曹魏武帝曹操。文帝：曹魏文帝曹丕。明帝：曹魏明帝曹叡。宋孝武帝：刘宋孝武帝刘骏。

⑭懿德：美德。

⑮子游：孔子弟子，姓言名偃字子游，以文学见称。子夏：孔子弟子，姓卜名商字子夏，也以文学见称。荀况：荀子名况。孟子：孟子名轲。枚乘：西汉文学家。贾谊：西汉文学家、政治家。苏武：西汉人，以出使匈奴不屈节知名，因后人伪造其诗。张衡：东汉科学家、文学家。左思：西晋文学家。俦：同类。

⑯损败：损丧败坏。

⑰所积："积"本是一种病，如寒积、食积，所积就是指所以气积，也就是指的病因。

⑱标举：高超。兴（xìng）会：兴致。

⑲发引：触发引动。

⑳矜伐：夸耀才能或功绩。

㉑持操：讲究操守，讲究品行。

㉒果于：勇于、敢于。进取：此指追求富贵利禄。

㉓弥切：更加深切。

㉔事：此指用事，即所引用的典故，当时作诗文好用典。

㉕清巧：清新精巧。

㉖厉：上。九霄：天的极高处。

㉗砂砾所伤：指细小的伤害。

㉘风尘：指风霆，即指疾风迅雷。

㉙元吉：元是大，吉是福。

译文

阮籍因无礼败坏风俗，嵇康因欺物不得善终，傅玄因愤争而免官，孙楚因夸耀而欺上，陆机因作乱而冒险，潘岳因侥幸取利而致危，颜延年因负气而被免职，谢灵运因空疏而作乱，王元长因凶逆而被杀，谢玄晖因侮慢而遇害。以上这些人物的事例，都是文人中翘楚秀出的，其他不能统统的记起，大体如此。至于帝王，有的也未能避免这类毛病。从古当上天子并有才华的，只有汉武帝、魏太祖、魏文帝、魏明帝、宋孝武帝，都被世人讥议，不算有美德的人君。从孔子的学生子游、子夏到荀况、孟轲、枚乘、贾谊、苏武、张衡、左思等一流人物，享有盛名而免于过失祸患的，也时常听到，只是其中损丧败坏的占多数。对此我常思考，寻找病根，当是由于文章这样的东西，要高超兴致，触发性灵，这就会使人夸耀才能，从而忽视操守，敢于追求名利。在现代文士身上，这种毛病更加深切，一个典故用得恰当，一个句子做得清巧，就会心神上达九霄，意气下凌千年，自己吟咏自我欣赏，不知道身边还有别人。加以砂砾般的伤人，会比矛戟伤人更狠毒；讽刺而招祸，会比疾风迅雷更迅速。应该认真思考防范，来保有大福。

原文

学问有利钝①，文章有巧拙。钝学累功，不妨精熟；拙文研思，终归蚩鄙。但成学士，自足为人；必乏天才，勿强操笔。吾见世人，至无才思，自谓清华②，流布丑拙③，亦以④众矣，江南号为“诊痴符⑤”。近在并州⑥，有一士族，好为可笑诗赋，誂擎邢、魏⑦诸公，众共嘲弄，虚相赞说，便击牛酾⑧酒，招延声誉。其妻明鉴妇人也，泣而谏之，此人叹曰：“才华不为妻子所容，何况行路⑨！”至死不觉。自见之谓明⑩，此诚难也。

学为文章，先谋亲友，得其评裁⑪，知可施行⑫，然后出手，慎勿师心自任⑬，取笑旁人也。自古执笔为文者，何可胜言。然至于宏丽精华⑭，不过数十篇耳。但使不失体裁，辞意可观，便称才士。要须动俗盖⑮世，亦俟河之清乎⑯。

注释

①利钝：此指聪慧和愚笨。

②清华：清新华丽。

③丑拙：丑恶拙劣。

④以：同“已”。

⑤诊（líng）痴符：古代方言，指没有才学而好夸耀的人。诊是叫卖，诊痴就是叫卖痴呆。

⑥并州：治所晋阳，即今山西太原。

⑦誂（tiǎo）擎：以言戏人。邢、魏：邢邵和魏收，都是北齐文学家、大名人，传均见《北齐书》。

⑧击牛：宰牛，古人常宰牛宴客。酾（shī）：斟酒。

⑨行路：行路之人，不相干的人。

⑩自见之谓明：见《韩非子·喻老》，说自己能看得清自己就称得上“明”。

⑪裁：裁决，判断。

⑫施行：用得上，拿得出去。

⑬师心自任：指固执己见自以为是。师心：指以己心为师。师心自任：今多作“怀心自用”。

⑭宏丽：壮丽。精华：精粹。

⑮动：惊动。盖：压倒。

⑯俟（sì）：等待。河之清：河指黄河，黄河因上游河床受冲刷而杂有大量泥沙，呈黄色，不得澄清，所以古人把河清看作稀罕难有、一辈子也等不到的事情。

译文

学问有利和钝，文章有巧和拙，学问钝的人积累功夫，不妨达到精熟；文章拙的人钻研思考，终究难免陋劣。其实只要有了学问，就是以自立做人，真是缺乏天才，就不必勉强执笔写文。我见到世人中间，有极其缺乏才思，却还自命清新华丽，让丑拙的文章流传在外的，也很众多了，这在江南被称为“诊痴符”。近来在并州地方，有个士族出身的，喜欢写引人发笑的诗赋，还和邢邵、魏收诸公开玩笑，人家嘲弄他，假意称赞他，他就杀牛斟酒，请人家帮他扩大影响。他的妻子是个心里清楚的女人，哭着劝他，他却叹着气说：“我的才华不被妻子所承认，何况不相干的人！”到死也没有醒悟。自己能看清自己才叫明，这确实是不容易做到的。

学做文章，先和亲友商量，得到他们的评判，知道拿得出去，然后出手，千万不能自我感觉良好，为旁人所取笑。从古以来执笔写文的，多得说也说不清，但真能做到宏丽精华的，不过几十篇而已。只要体裁没有问题，辞意也还可观，就可称为才士。但要当真惊世流俗压倒当世，那也就像黄河澄清那样不容易等待到了。

原文

凡为文章，犹人乘骐骥①，虽有逸气②，当以衔勒③制之，勿使流乱轨踢[4]，放意填坑岸[5]也。

文章当以理致为心膂[6]，气调[7]为筋骨，事义[8]为皮肤，华丽为冠冕。今世相承，趋末弃本[9]，率多浮艳，辞与理竞，辞胜而理伏；事与才争，事繁而才损，放逸者流宕[10]而忘归，穿凿[11]者补缀而不足。时俗如此，安能独违，但务去泰去甚耳。必有盛才重誉，改革体裁者，实吾所希。

注释

①骐骥：日行千里的良马。

②逸气：俊逸之气。

③衔：横在马口中以备抽勒的铁。勒：套在马头上带嚼口的笼头。

④流：行动无定。轨躅（zhuó）：轨迹。

⑤放意：恣意。填坑岸：跌进坑岸下。

⑥理致：义理意致。心膂（lǚ）：心和脊骨，表示最核心紧要之处。

⑦气调：气韵格调。

⑧事义：用事，即用典故合宜。

⑨末：指华丽辞藻。本：指理致、气调、事义。

⑩流宕（dàng）：流荡。

⑪穿凿：附会，任意牵合。

译文

凡是作文章，好比人骑千里马，虽有俊逸之气，还得用衔勒来控制它，不要让它乱了奔走的轨迹，恣意跃进那坑岸之下。

文章要以义理意致为核心脊梁骨，气韵格调为筋骨，用典合宜为皮肤，华丽辞藻为冠冕。如今相因袭的文章，都是弃本趋末，多求浮艳。辞藻和义理相竞，辞藻胜而义理不明；用典和才思相争，用典繁而才思受损。放逸的流荡而忘归，穿凿的补缀而不足。时世习俗既如此，也不好独自立异，但求不要做得太过头。真出个负重名的大才，对这种体裁有所改革，那才是我所盼望的。

原文

古人之文[①]，宏才逸气，体度[②]风格，去今实远；但缉缀[③]疏朴，未为密致耳。今世音律谐靡，章句偶对[④]，讳避精详，贤于往昔多矣[⑤]。宜以古之制裁为本，今之辞调为末，并须两存，不可偏弃也。

注释

①古人之文：此指骈文流行之前的先秦两汉文章。

②体度：体势气度。

③缉缀：缝接拼合，此指文章的撰写联缀、过渡钩连。

④音律及偶对：这都是骈文的特征。

⑤贤于往昔多矣：这“往昔”指骈文流行前的古人之文，说贤于往昔，也是颜之推的看法。

译文

古人的文章，气势宏大，潇洒飘逸，体度风格，比现今的文章真高出很多。只是古人在结撰编著中，用词遣句、过渡钩连等方面还粗疏质朴，于是文章就显得不够周密细致。如今的文章，音律和谐华丽，辞句工整对称，避讳精细详密，则比古人的高超多了。应该用古文的体制格调为根本，以今人的文辞格调作补充，这两方面都做得好，并存不可以偏废。

阅读延伸

颜真卿之父

颜惟贞

（669—712），字叔坚，祖籍琅琊临沂，生于京兆万年。颜昭甫次子，颜真卿父。生于唐高宗总章二年（公元669年），卒于唐玄宗先天元年

(公元712年)辛亥七月。

配殷氏，生七子：颜阙疑、颜允南、颜乔卿、颜真长、颜幼舆、颜真卿、颜允臧。武周则天天授元年(公元690年)庚寅科判入高第，授衢州参军，温县、永昌二尉。代兄(颜元孙)为长安尉，迁太子文学，拜薛王友，加勋上柱国，赠秘书少监，国子祭酒，太子少保。少孤，育舅殷仲容氏，教笔法。家贫无纸笔，与兄颜元孙以黄土扫壁，木石画而习之。故特以草隶擅名。

卷 下

名实篇十

原文

名之与实，犹形之与影也。德艺周厚[①]，则名必善焉；容色姝[②]丽，则影必美焉。今不修身而求令名于世者，犹貌甚恶而责妍影于镜也。上士[③]忘名，中士立名，下士窃名。忘名者，体道合德[④]，享鬼神之福祐[⑤]，非所以求名也；立名者，修身慎行，惧荣观[⑥]之不显，非所以让名也；窃名者，厚貌深奸[⑦]，干浮华之虚称[⑧]，非所以得名也。

注释

①德艺：品德才艺。周厚：周备深厚。

②姝（shū）：美丽。

③上士：高水平的人，这士是士大夫的“士”。④体道：以道为本体。合德：与道德相融合。

⑤享鬼神之福祐：这是古人的迷信话。

⑥荣观（guàn）：荣名，荣誉。

⑦厚貌深奸：外表敦厚内心奸险。

⑧干：干求，谋求。浮华：华而不实。虚称：虚名。

译文

名的对于实，好比形的对于影的。德艺周厚，那名就一定好；容貌美丽，那影就一定美。如今不修身而想在世上传好的名，就好比容貌很丑而要求镜子里现出美的影了。上士忘名，中士立名，下士窃名。忘名，就是体道合德，享受鬼神的福祐，而不是用来求名的；立名，就是修身慎行，生怕荣誉会被湮没，而不是为了让名的；窃名，就是外朴内奸，谋求浮华的虚名，而不是真能得到名的。

解题

这篇《名实》讲的是名不符实的问题，文中指出以种种伪装来图好名声而出现了名与实不相称，并指出这种虚名总归要败露，其中有些话在今天仍有教育意义。

原文

吾见世人，清名登而金贝①入，信誉显而然诺②亏，不知后之矛戟，毁前之干橹③也！虙子贱④云："诚于此者形⑤于彼。"人之虚实真伪在乎心，无不见乎迹，但察之未熟⑥耳。一为察之所鉴，巧伪不如拙诚，承之以羞⑦大矣。伯石让卿⑧，王莽辞政⑨，当于尔时，自以巧密，后人书之，留传万代，可为骨寒毛竖⑩也。近有大贵，以孝著声，前后居丧，哀毁⑪逾制，亦足以高于人矣。而尝于苫块⑫之中，以巴豆⑬涂脸，遂使成疮，表哭泣之过，左右童竖，不能掩之，益使外人谓其居处饮食皆为不信。以一伪丧百诚者，乃贪名不已故也！

注释

①登：升，此指播扬。金贝：金钱。

②然诺：许诺。亏：亏损，此指许诺了不兑现。

③干橹：干，即盾，盾牌，古代防御刀剑用的东西。橹：大盾牌。

④虙子贱：孔子的学生，姓虙名子贱，见于《伪孔子家语·屈节》。

⑤形：通"刑"、"型"，做出榜样。

⑥熟：精审，仔细。

⑦承之以羞：据《易·恒》有"不恒其德，或承之羞"的话，意思是说：不能经常保有其德，羞辱就可能到来。

⑧伯石让卿：春秋时郑国叫太史任命伯石为卿，伯石假意推辞，太史走后，他又叫太史再来任命自己，这样假意推辞了三次才接受，见《左传·襄公三十年》。

⑨王莽辞政：东汉末年王莽一再推辞不当大司马，其实也是伪装，见《汉书·王莽传》。

⑩骨寒毛竖：骨头发冷，汗毛竖起，是大吃一惊的意思。

⑪哀毁：哀痛得使身体容貌都受到了损毁。

⑫苫（shān）：是草荐。块：是土块。古礼居父母之丧时要垫草荐，枕土块，因而又把"苫块之中"作为居丧的代称。

⑬巴豆：一种植物，种子可入药，但有大毒。

译文

我见到世上的人，清名播扬但金钱暗入，信誉昭著但许诺有亏，真不知是不是后面的矛戟，在捣毁前面的盾牌啊！虙子贱说过："在这件事上做得真诚，就给另件事树立了榜样。"人的虚或实，真或伪固然在于心，但没有不在行动上流露出来的，只是观察得不仔细罢了。一旦观察得真切，那种巧于作伪就还不如拙而诚实，接着招来的羞辱也够大的。伯石的推让卿位，王莽的辞谢政权，在当时自以为既巧又密，可是被后人记载下来，留传万世，就叫人看了毛竖骨寒了。近来有个大贵人，以孝著称，先后居丧。哀痛毁伤过度，这也是以显得高于一般人了。可他在草荐土块之中，还用有大毒的巴豆来涂脸，有意使脸上成疮，来显出他哭泣得多么厉害，但这种做作不能蒙过身旁童仆的眼睛，反而使外边人说他丧中的居处饮食都在伪装。由于有一件事情伪装出现假，而毁掉了百件事情的真，这就是贪名不足的结果啊！

原文

有一士族，读书不过二三百卷，天才钝拙，而家世殷厚，雅自矜持[①]，多以酒犊珍玩[②]，交诸名士。甘其饵[③]者，递共吹嘘[④]，朝廷以为文华，亦尝出境聘[⑤]。东莱王韩晋明[⑥]笃好文学，疑彼制作，多非机杼[⑦]，遂设宴言[⑧]，面相讨试。竟日欢谐，辞人[⑨]满席，属音赋韵[⑩]，命笔为诗，彼造次[11]即成，了[12]非向韵，众客各自沉吟，遂无觉者。韩退叹曰："果如所量……"

治点[13]子弟文章，以为声价[14]，大弊事也。一则不可常继，终露其情；二则学者有凭，益不精励。

邺下有一少年，出为襄国[15]令，颇自勉笃，公事经怀，每加抚恤，以求声誉。凡遣兵役，握手送离，或赍梨枣饼饵[16]，人人赠别，云："上命相烦，情所不忍，道路饥渴，以此见思[17]。"民庶称之，不容于口[18]。及迁为泗州别驾[19]，此费日广，不可常周。一有伪情，触涂[20]难继，功绩遂损败矣。

注释

①雅：素常，向来。矜持：装出端庄严肃的样子。

②酒犊（dú）：牛酒，即杀牛备酒办宴会。珍玩：珍宝玩好，用来赠送名士们。

③甘：此指感兴趣的意思。饵：钓饵，引申为诱饵。

④递：一个接一个地。吹嘘：吹捧。

⑤聘：古代国与国之间派使者访问叫聘，此指南朝的萧梁去北朝的北齐聘问。

⑥韩晋明：北齐韩晋明，韩轨之子，封东莱王，传附见《北齐书·韩轨传》，其中说："诸勋贵子孙中，晋明最留心学问。"

⑦机杼（zhù）：本指织布机，引申为纺织，再引申为文章的命意构思。

⑧宴言：宴会叙谈。

⑨辞人：此指诗人。

⑩属（zhǔ）音赋韵：作诗的意思。属：连接字句的意思。

⑪造次：匆忙，轻率。

⑫了：全然。

⑬治：整治，修改。点：点窜，涂改。

⑭声价：声望和身份。

⑮襄国：县名。当时属于襄国郡，在今河北邢台西南。

⑯赍（jī）：以物送人。饵：这里指糕饼。

⑰见思：表示思念之情。

⑱不容于口：不是口说所能说得完。

⑲泗州：北周末时设置，治所宿预，在今江苏宿迁东南。别驾：州的长官称刺史，刺史下面最重要的辅佐官称别驾。

⑳触涂：触处，到处。

译文

有一个士族，读的书不过二三百卷，天资笨拙，可家世殷实富裕，他向来矜持，多用牛酒珍宝玩好来结交那些名士。名士中对牛酒珍宝玩好感兴趣的，一个个接着吹捧他，使朝廷也以为他有文采才华，曾派他出境聘问。齐东莱王韩晋明深爱文学，对他的作品发生怀疑，怀疑大多数的情况，认为不是他本人所命意构思的，于是就设宴叙谈，当面讨论测试。当时整天欢乐和谐，诗人满座，属音赋韵，提笔作诗，这个士族轻率间就写成，可全然没有向来的风格韵味，好在客人们各自在沉思吟味，没有发觉。韩晋明宴会后叹息道："果真像我们所估量的那样。"

修改子弟的文章，来抬高声价，是一大坏事。一则不能经常如此，终究要透露出真情来；二则正在学习的子弟有了依赖，更加不肯专心努力。邺下有个少年，出任襄国县令，能勤勉，公事经手，常加抚恤，来谋求声誉。每派遣兵差，都要握手相送，有时还拿出梨枣糕饼，人人赠别，说："上边有命令要麻烦你们，我感情上实在不忍，路上饥渴，送这些以表思念。"民众对他称赞，不是口说所能说得完的。到迁任泗州别驾官时，这种费用一天天增多，不可能经常办到。可见一有虚假，就到处难以相继，原先的功绩也随之而毁失。

阅读延伸

颜真卿

颜真卿（709 年—784 年 8 月 23 日），字清臣，京兆长安（今陕西西安）人，祖籍琅邪临沂（今山东临沂），颜师古五世从孙、颜杲卿从弟，唐代著名政治家、书法家。

开元二十二年（公元734年）中进士，登甲科，曾4次被任命为监察御史，迁殿中侍御史。因受到当时的权臣杨国忠排斥，被贬黜到平原郡任太守，人称“颜平原”。肃宗时至凤翔授宪部尚书，迁御史大夫。代宗时官至吏部尚书、太子太师，封鲁郡公，人称“颜鲁公”。兴元元年（784年），遭宰相卢杞陷害，被遣往叛将李希烈部晓谕，凛然拒贼，终被缢杀。

颜真卿创立了”颜体“楷书，与赵孟頫、柳公权、欧阳询并称为“楷书四大家”。

颜真卿三岁时丧父，母亲殷氏亲自教育他。长大后，学问渊博，擅长写文章，侍奉母亲很孝顺。

开元二十二年（公元734年）中进士，登甲科。被任命为醴泉县尉。经两次提升，任监察御史，奉命巡查河东、陇州。当时五原有冤狱很久没有断案，天又干旱，颜真卿平反冤狱后，天降大雨，五原的百姓称为“御史雨”。又巡查河东郡，上书玄宗，弹劾朔方县令郑延祚在母亲死后三十年还未将其下葬，玄宗诏令终身不录用郑延祚。听闻此事的人都感到害怕。

天宝九年（公元750年），颜真卿升任殿中侍御史，当时御史吉温因为私怨陷害御史中丞宋浑，使其降职至贺州任职。颜真卿说：“怎能因一时气愤就想害宋浑的后代呢?”宰相杨国忠讨厌他，暗示御史中丞蒋冽奏请玄宗任真卿为东都（洛阳）采访判官，再转任武部员外郎，杨国忠始终想排挤他，于天宝十二年（公元753年）将颜真卿调离出京，担任平原太守。

平原郡属安禄山辖区，当时安禄山谋反的迹象已显露出来，颜真卿便假托阴雨不断，暗中加高城墙，疏通护城河，招募壮丁，储备粮草。表面上每天与宾客驾船饮酒，以此麻痹安禄山。安禄山果真认为他是个书生，不足忧虑。天宝十四年（公元755年），安禄山以“忧国之危”、奉密诏讨伐杨国忠为借口在范阳起兵。河北郡县大都被叛军攻陷，只有平原城防守严密，颜真卿派司兵参军李平骑快马到长安向玄宗报告。玄宗起初听到安禄山反叛的消息，叹息说：“河北二十四个郡，就没有一个忠臣吗?”等到李平到京，玄宗大喜，对左右的官员说：“我不了解颜真卿的为人，他做的事竟这样出色！”

当时平原郡有三千静塞兵，又增招士兵一万人，派录事参军李择交统领，任用刁万岁、和琳、徐浩、马相如、高抗朗等人为将领，分别统领军队，在城西门盛大地犒劳士兵，颜真卿慷慨陈词，泪水直流，全军都感奋。饶阳太守卢全诚、济南太守李随、清河长史王怀忠、景城司马李〈目韦〉、邺郡太守王焘各领军来归附他。朝廷命北海太守贺兰进明率领五千精锐士兵渡河援助。

叛军攻下东都洛阳，派段子光送李憕、卢奕、蒋清的头到河北示众。颜真卿担心大家害怕，哄各位将领说："我一向认识李憕等人，这些头都不是他们的。"于是杀了段子光，把三颗头藏起来。过了些时候，用草编个人体，接上头，装殓后祭奠，设灵位哭祭他们。

当时颜真卿的堂兄颜杲卿任常山（今河北正定）太守，杀了叛军将领李钦凑等人，清除了土门的敌人，十七个郡同一天自动归顺朝廷，推举颜真卿为盟主，有二十万兵力，截断了燕赵的交通联络。朝廷任命颜真卿为户部侍郎，辅佐河东节度使李光弼讨伐叛军。颜真卿任李晖为自己的副手，而任李铣、贾载、沈震为判官。不久，被加拜为河北招讨采访使。

清河太守派郡人李萼来向颜真卿求援，李萼建议颜真卿联结清河郡，利用其钱粮。颜真卿便派出六千援兵，又向李萼求计，李萼说："朝廷派程千里统帅十万军队，自太行山向东进发，准备兵出山郭口，限制叛军前进。您如果攻打魏郡，杀掉叛将袁知泰，用精兵打下〈山郭〉口。迎接朝廷的军队出〈山郭〉口攻打邺城、幽陵，平原、清河两郡共十万军队攻向洛阳，分出精锐部队控制要冲。您坚守不与敌人交战，不超过几十天，叛贼必然溃败，自相残杀而死。"颜真卿同意，就传送文告给清河等郡，派大将李择交、副将范冬馥、和琳、徐浩与清河郡、博平郡的五千军队驻扎在堂邑。袁知泰派白嗣深、乙舒蒙等领兵二万交战，叛军战败，被斩了一万多颗首级，袁知泰败逃到汲郡。

史思明围攻饶阳，派游军截断了平原郡的救兵，颜真卿害怕打不过敌军，使写信请贺兰进明，把河北招讨使让给他。贺兰进明在信都作战失败。恰逢平卢将领刘正臣据渔阳起义，颜真卿想坚定他的信心，派贾载渡海送去十多万军费，并用自己十岁的儿子颜颇做为人质，众人坚决请求将他留下，颜真卿不听。

唐肃宗当时已在灵武即位。颜真卿多次派使者带着用蜡丸封的信向肃宗汇报军政事务，肃宗任命他为工部尚书兼御史大夫，复任河北招讨使。当时军费困难，李萼劝真卿收取景城的盐，让各郡之间互相调济，军中的费用才不缺。第五琦当时在贺兰进明军中参谋军务，后来实行这个方法，军中的物资很丰富。

安禄山乘虚派史思明、尹子奇急攻河北一带，各郡又沦陷，只有平原郡、博平郡、清河郡防守坚固。但人心惶惶，不能再振奋起来。颜真卿经与众人商议，于至德元年（公元756年）十月，放弃平原郡，渡过黄河，走崎岖小路到凤翔拜见肃宗，肃宗任命他为宪部尚书，又调任御史大夫。此时，朝廷正处于混乱状态，但颜真卿仍像平常一样按法律治事，武部侍郎崔漪、谏议大夫李何忌都被他弹劾降职。

广平王李豫统率二十万军队收复长安，辞行的那天，在行宫门前不敢上马，快步走出栅栏才上马。王府都虞候管崇嗣在广平王之先上马，颜真卿弹劾他。肃宗退回他的奏章，慰勉说："朕的儿子每次外出，朕都谆谆教育他，所以不敢失礼。管崇嗣年老腿跛，你暂且宽容他。"百官由此都严肃守礼起来。

长安、洛阳收复后，肃宗派左司郎中李选祭宗庙，在祝词上署名"嗣皇帝"，颜真卿对礼仪使崔器说："太上皇还在四川，这样行吗?"崔器立即报告肃宗更改，皇帝认为他通达事理。颜真卿又建议在长安郊野筑坛，由肃宗向着东方哭祭，然后再派出礼仪使，肃宗未采用此建议。宰相讨厌颜真卿直言劝谏，调他出京任冯翊太守。转任蒲州刺史，封丹阳县子。又被御史唐旻诬陷，降为饶州刺史。

乾元二年（公元759年），颜真卿任浙西节度使，刘展将要反叛，颜真卿指示预先做好战备，都统李峘认为他无事生非，反而攻击他，肃宗因此召颜真卿为刑部侍郎。刘展后起兵反叛，渡过淮河，李峘逃奔江西。李辅国将太上皇迁居西宫，颜真卿率百官问安，李辅国讨厌他，降他为蓬州长史。代宗即位，起用他为利州刺史，没有下任命书，任吏部侍郎。任荆南节度使，还未赴任，改任尚书右丞。

代宗自陕州回朝，颜真卿请代宗先参拜陵墓宗庙，后在正殿即位。宰相元载认为他迂腐，颜真卿生气地说："这意见用不用在您，进言的人有什么罪过？但朝廷规章哪能经受您两次破坏呢?"元载记恨在心。不久以检校刑部尚书的职务任朔方行营宣慰使，没有赴任，留在京城主持尚书省事务，改封鲁郡公。当时元载结党营私，怕群臣奏报代宗，想要欺骗代宗，让他命群臣进言都经自己审查才能上奏。颜真卿上奏劝阻，于是宦官等在宫中和朝廷外传播。

后来颜真卿掌管太庙的事务，说祭器没有整治，元载认为他诽谤朝廷，降为峡州别驾，后改任吉州司马；大历三年（公元768年）四月，改任抚州、湖州二州任刺史。在抚州任职的五年中，他关心民众疾苦，注重农业生产，热心公益事业。针对抚河正道淤塞，支港横溢，淹没农田的现状，带领民众在抚河中心小岛扁担洲南建起一条石砌长坝，从而解除了水患，并在旱季引水灌田。抚州百姓为了纪念他，将石坝命名为千金陂，并建立祠庙，四时致祭。

元载被杀后，杨绾推荐他，提升为刑部尚书，随后升任吏部尚书。代宗驾崩后，任礼仪使，因而上奏说前几朝皇帝追加谥号的礼节繁复，请按初定的礼节为准，袁惨坚决排斥他的意见，扣住不上报朝廷。时值国家死丧战乱之后，典章法令废弛，颜真卿虽然博古通今，但他的建议多被权臣阻扰，难以送达皇帝。

杨炎掌管国政时，颜真卿因刚正，不被杨炎容忍，改任太子少师，但还兼任礼仪使。到卢杞掌权后，更加厌恶颜真卿的刚正，改任太子太师，连礼仪使也罢免了，多次派人探听哪一个方镇方便些，准备把他排挤出京都。颜真卿去见卢杞，告诉他说：“你先父卢中丞（卢奕）的头颅送到平原郡，脸上满是血，我不忍心用衣服擦，亲自用舌头舔净，您忍心不容忍我吗？”卢杞表面惊惶地下拜，但内心恨之入骨。

兴元元年（公元784年），李希烈攻陷汝州时，卢杞竟建议派颜真卿做使者到李希烈军中去传达朝廷旨意，德宗同意。朝臣为此大惊失色。宰相李勉也秘密上奏，坚决要求留下他。河南尹郑叔则也劝他不要去，颜真卿回答说：“圣旨能逃避吗？”颜真卿到后，李希烈想给他一个下马威。在见面的时候，叫自己的部将和养子一千多人都聚集在厅堂内外。颜真卿刚开始宣读圣旨，那些人就冲上来，手里拿着明晃晃的尖刀，围住颜真卿又是谩骂，又是威胁，颜真卿面不改色。李希烈才用身子护着他，命众将退下，让真卿住进驿馆。李希烈逼颜真卿写信给德宗来洗刷自己罪行，颜真卿不听，李希烈就借他的名义派颜真卿侄子颜岘与几个随从到朝廷继续请求，德宗没有答复。颜真卿每次给儿子写信，只告诫他们严谨地敬奉祖宗，抚养孤儿，从未有其他的话。

李希烈派李元平劝说他，颜真卿斥责元平说：“你受国家委任为官，不能报答国家，想我没有兵杀你，还来诱说我吗?”李希烈请来他的同党，设盛会，唤来颜真卿，并指使戏子们借唱戏攻击和侮辱朝廷。真卿愤怒地说：“您是皇帝的臣子，怎么能这样做!”起身拂衣离去。希烈非常惭愧。当时朱滔、王武俊、田悦、李纳等藩镇的使者都在座，对李希烈说：“很早就听说太师的名望高，品德好，您想当皇帝，太师来了，选人当宰相谁能超过太师?”颜真卿斥责说：“你们听说颜常山没有? 那是我的兄长，安禄山反叛时，首先起义兵抵抗，后来即使被俘了，也不住口地骂叛贼。我将近八十岁了，官做到太师，我至死保持我的名节，怎么会屈服于你们的胁迫?!”众人面尽失色。

李希烈最终将颜真卿逮捕，用甲士看守着。在庭院中挖了一丈见方的坑，传言说要活埋他，颜真卿约见李希烈说：“死生有命，何必搞那些鬼把戏!”张伯仪兵败时，李希烈命令把张伯仪的仪仗和头颅送给颜真卿看，他悲痛地哭倒在地。恰逢李希烈同伙中的周曾、康秀林想偷袭杀掉李希烈，尊颜真卿为帅，事情泄露，周曾被杀死，李希烈就把颜真卿押送到蔡州。颜真卿估计自己一定会死，于是写了给德宗的遗书、自己的墓志和祭文，指着寝室西墙下说：“这是放我尸体的地方啊!”李希烈称帝时，派使者问登帝位的仪式，颜真卿回答说：“老夫年近八十，曾掌管国家礼仪，只记得诸侯朝见皇帝的礼仪!”

后来，朝廷的军队又强大起来，叛贼料想形势会变，派将领辛景臻、安华到颜真卿住所，在庭院里堆起干柴说：“再不投降，就烧死你!”颜真卿起身跳入火中，辛景臻等人急忙拉住了他。李希烈的弟弟李希倩因与朱泚叛乱被杀，李希烈因而发怒，于兴元元年八月初三（784 年 8 月 23 日）派宦官前往蔡州杀害颜真卿，说：“有诏书!”颜真卿拜了两拜。宦官说：“应该赐你死。”颜真卿说：“老臣没有完成使命，有罪该死，但使者是哪一天从长安来的?”宦官说：“从大梁来。”真卿骂道：“原来是叛贼，何敢称诏!”颜真卿于是遭缢杀，享年七十六岁（一作七十七）。嗣曹王李皋听到颜真卿死节的消息，流下眼泪，三军为之都痛哭。

半年后，李希烈被手下陈仙奇毒杀，叛乱平定。颜真卿的灵柩才得以由其子颜頵、颜硕护送回京，厚葬于京兆万年颜氏祖茔。德宗皇帝为他废朝八日，追赠司徒，谥号文忠。

贞元六年（公元790年），德宗发敕书，封颜頵为五品正员官。开成初年，又封颜真卿的曾孙颜弘式为同州参军。

书法成就

颜真卿为琅琊颜氏后裔，家学渊博，六世祖颜之推是北齐著名学者，著有《颜氏家训》。颜真卿少时家贫缺纸笔，用笔醮黄土水在墙上练字。

他的书体被称为”颜体”，与柳公权并称“颜柳”，有“颜筋柳骨”之誉。但是颜真卿的书法用笔肥愚，行笔齟挫不爽落，书法艺术尖端的“飞白书”于颜氏而不显；东晋卫夫人《笔阵图》：“多骨微肉者谓之筋书，多肉微骨者谓之墨猪”，但是颜鲁公的书法虽然肥厚，但是丰润饱满，端庄尊重，绝对不是所谓的“墨猪”，颜体楷书，于圆满中见筋骨，笔力雄健，力沉势足，大气磅礴，树立了一代新风。如果说在中国书坛上还有谁能和书圣王羲之并肩而立的话，也只有颜真卿有这个声望与影响力了。

他的行书遒劲郁勃这种风格也体现了大唐帝国繁盛的风度，并与他高尚的人格契合，是书法美与人格美完美结合的典例，故而被后世誉为“天下第二行书”他的书体被称为“颜体”，与柳公权并称“颜柳”，有“颜筋柳骨”之誉。颜真卿用笔匀而藏锋，内刚劲而外温润，字的曲折出圆而有力。

欧阳修曾说：“颜公书如忠臣烈士，道德君子，其端严尊重，人初见而畏之，然愈久而愈可爱也。其见宝于世者有必多，然虽多而不厌也。”朱长文赞其书：“点如坠石，画如夏云，钩如屈金，戈如发弩，纵横有象，低昂有志，自羲、献以来，未有如公者也。”颜体书对后世书法艺术的发展产生了深远影响，唐以后很多名家，都从颜真卿变法成功中汲取经验。尤其是行草，。苏轼曾云：“诗至于杜子美，文至于韩退之，画至于吴道子，书至于颜鲁公，而古今之变，天下之能事尽矣。”（《东坡题跋》）

涉务篇十一

原文

士君子之处世，贵能有益于物耳，不徒高谈虚论，左琴右书①，以费人君禄位也！国之用材，大较不过六事：一则朝廷之臣，取其鉴达治体②，经纶③博雅；二则文史之臣④，取其著述宪章，不忘前古⑤；三则军旅之臣，取其断决有谋，强干习事⑥；四则藩屏之臣⑦，取其明练⑧风俗，清白⑨爱民；五则使命之臣⑩，取其识变从宜⑪，不辱君命⑫；六则兴造之臣⑬，取其程功节费⑭，开略⑮有术：此则皆勤学守行⑯者所能办也。人性有长短，岂责具⑰美于六涂哉？但当皆晓指趣⑱，能守一职，便无愧耳。

注释

①左琴右书：弹琴读书，是北朝士大夫们自以为风雅的事情。

②治体：治理国家的体制纲要。

③经纶：本是整理丝缕，引申为安排处理国家大事。

④文史之臣：此指先秦西汉时的文史之臣，即在帝王身边主管文书档案，撰写诏令典章的人。

⑤不忘前古：前古即古先，古代。

⑥强干：能力强。习事：办事熟练。

⑦藩屏之臣：指地方高级长官，如州的刺史、郡的太守，他们都是中央的藩屏。藩屏：是屏障的意思。

⑧明练：了解熟悉。

⑨清白：干净，不贪污。

⑩使命之臣：奉命出使邻国之臣。

⑪识变从宜：懂得权变，会随机应变。

⑫不辱君命：不使君命受到折辱而完成了使命。

⑬兴造之臣：兴建营造之臣，即今天所谓管土木建筑的。

⑭程功：考核工程进度。节费：节省费用。

⑮开略：打开思路，想出办法。

⑯守行：奉行，认真做好。

⑰责：一定要求。具：都，完全。

⑱指趣：也写作“旨趣”，大意，要旨。

译文

士君子的处世，贵在能够有益于事物，不能光是高谈阔论，左琴右书，君主给他俸禄官位啊！国家使用人材，大体不外六个方面：一是朝廷的臣子，用他能通晓治理国家的体制纲要，经纶博雅；二是文史的臣子，用他能撰写典章，不忘古先；三是军旅的臣子，用他能决断有谋，强干习事；四是藩屏的臣子，用他能熟悉风俗，清白爱民；五是使命的臣子，用他能随机应变，不辱君命；六是兴造的臣子，用他能考核工程节省费用，多出主意：这都是勤奋学习、认真工作、的人所能办到的。只是人的秉性各有短长，怎可以一定要求这六个方面都做好呢？只要对这些都通晓大意，而做好其中的一个方面，也就无所惭愧了。

解题

所谓涉务，就是办实事的意思。经过东晋到南朝后期，门阀制度在南方已日趋没落，士族的子弟除摆空架子外，几乎全不能办实事，朝廷要办实事不得不转而借重士族看不起的庶族寒士。颜之推虽然也出身士族，但已看到这个问题的严重性，所以专门写此篇，对不办实事形同废物的士族子弟进行谴责。

原文

吾见世中文学之士，品藻①古今，若指诸掌②，及有试用，多无所堪③。居承平④之世，不知有丧乱之祸；处庙堂⑤之下，不知有战陈⑥之急；保俸禄之资⑦，不知有耕稼之苦；肆⑧吏民之上，不知有劳役之勤。

故难可以应世经务⑨也。晋朝南渡，优借⑩士族，故江南冠带⑪有才干者，擢为令仆已下，尚书郎、中书舍人⑫已上，典掌机要。其余文义之士，多迂诞⑬浮华，不涉世务，纤微过失，又惜行捶楚⑭，所以处于清高，盖护其短也。至于台阁令史⑮，主书⑯监帅，诸王签省⑰，并晓习吏用，济办时须，纵有小人之态，皆可鞭杖肃督，故多见委使，盖用其长也。人每不自量，举世怨梁武帝父子⑱爱小人而疏士大夫，此亦眼不能见其睫⑲耳。

注释

①品藻：评价。

②指诸掌：通称“指掌”，此是指做得容易。

③堪：能随受，胜任。

④承平：累代相承太平。

⑤庙堂：此指朝廷。

⑥战陈：作战列阵。陈是“阵”的本字。

⑦俸禄：古代官员任职的正常报酬。资：供给。

⑧肆：任意放纵。

⑨应世经务：应付时世和处理政务。

⑩优借：优待。

⑪冠带：士大夫、士族的代称，因为他们都戴冠束带。

⑫令仆：尚书省的长官尚书令和副职尚书左、右仆射（yè）。尚书省是当时的中央最高行政机关。尚书郎：南朝梁时尚书省分二十二曹，每个曹设郎一人，总称尚书郎，是清贵显要之职。中书舍人：南朝梁时在中书省下设置，任起草诏令之职，参与机密，也是清贵显要之职。

⑬迂诞：迂腐荒诞。

⑭惜：舍不得。捶楚：杖责。原先对失职的中下级官可以杖责，即使尚书郎也难免，从南齐起尚书郎成为清贵显要就再没有被杖责了。

⑮台阁令史：台阁指尚书省，令史指尚书省之低级办事员。

⑯主书：也是尚书省里的低级办事人员。

⑰诸王签省：南朝在外任的亲王处设有典签，本为处理文书的小吏，但实际上对这些亲王起监督作用，这里的“签”就是典签。省则是州郡里

的省事，也是低级办事人员。

⑱梁武帝父子：指梁武帝萧衍和他的儿子梁简文帝萧绎、梁元帝萧纲。

⑲睫（jié）：眼睫毛。

译文

我见到世上的文学之士，评议古今，好似指掌一般，等有所试用，多数不能胜任。处在累代太平之世，不知道有丧乱之祸；身在朝廷之上，不知道有战阵之急；保有俸禄供给，不知道有耕稼之苦；纵肆吏民头上，不知道有劳役之勤。这样就很难应付时世和处理政务了。晋朝南渡，对士族优待宽容，因此江南冠带中有才干的，就擢升到尚书令、仆以下，尚书郎、中书舍人以上，执掌机要。其余只懂得点文义的多数迂诞浮华，不会处理世务，有了点小过错，又舍不得杖责，因而把他们放在清高的位置上，来给他们护短。至于那些台阁令史、主办监帅、诸王签省，都对工作通晓熟练，能按需要完成任务，纵使流露出小人的情态，还可以鞭打监督，所以多被委任使用，这是在用他们的长处。人往往不能自量，世上都在抱怨梁武帝父子喜欢小人而疏远士大夫，这也就像眼睛不能看到眼睫毛了。

原文

梁世士大夫，皆尚褒衣博带①，大冠高履②，出则车舆，入则扶持，郊郭之内，无乘马者。周弘正为宣城王③所爱，给一果下马，常服御④之，举朝以为放达⑤。至乃尚书郎乘马，则纠劾之。及侯景之乱⑥，肤脆骨柔，不堪行步，体羸气弱，不耐寒暑，坐死仓猝⑦者，往往而然。建康令王复，性既儒雅，未尝乘骑，见马嘶歕陆梁⑧。莫不震慑，乃谓人曰：“正是虎，何故名为马乎？”其风俗至此。

古人欲知稼穑⑨之艰难，斯盖贵谷务本⑩之道也。夫食为民天⑪，民非食不生矣，三日不粒，父子不能相存。耕种之，茠⑫鉏之，刈获之，载积之，打拂之，簸扬之，凡几涉手，而入仓廪，安可轻农事而贵末业哉？江南朝士，因晋中兴[13]，南渡江，卒为羁旅，至今八九世，未有力田，悉资俸禄而食耳。假令有者[14]，皆信[15]僮仆为之，未尝目观起一坺[16]土，耕一株苗；不知几月当下，几月当收，安识世间馀务乎？故治官则不了，营家则不办[17]，皆优闲之过也。

注释

①褒衣博带：宽大的袍子和衣带。

②高履：即高齿屐。

③周弘正：字思行，南朝学者，在梁、陈之际做过官。宣城王：梁简文帝的太子萧大器的封号。

④果下马：在当时视为珍品的一种小马，只有三尺高，能在果树下行走，故名。见《三国志》中《魏书》的《东夷传》注。服御：用。这里指骑。

⑤放达：这里是放纵不拘法礼的意思。

⑥至乃：至于。纠劾（hé）：弹劾，上书给皇帝揭发罪状，请予处分。侯景：原是北朝的武人，投降梁朝，在梁武帝太清二年（548）叛乱，攻破建康，梁武帝被困而死。史称“侯景之乱”。

⑦坐死仓猝：在仓猝事变（侯景之乱）中坐以待毙。

⑧陆梁：跳跃。

⑨稼穑：指农事。

⑩本：与下文之“末业”相对，本指农业，末指商业。

⑪食为民天：天，意思是人们所最尊重和仰赖的事物。据《汉书》的《郦食其传》：“王者以民为天，而民以食为天。”

⑫茠（hāo）：同“薅”，除草。

⑬中兴：西晋亡后，东晋又建国于江南，故称中兴。

⑭假令有者：即使有种田的。

⑮信：依赖。

⑯坺（bō）：耕地时一耦（广一尺，深一尺的土）所一翻起的土。

⑰办：治理。

译文

梁朝的士大夫，都崇尚着宽衣，系阔腰带，戴大帽子，穿高跟木屐，出门就乘车代步，进门就有人伺候，城里城外，见不着骑马的士大夫。宣城王萧大器很喜欢南朝学者周弘正，送给他一匹果下马，他常骑着这匹马。朝廷上下都认为他放纵旷达，不拘礼俗。如果是尚书郎骑马，就会遭到弹劾。到了侯景之乱的时候，士大夫们一个个都是细皮嫩肉的，不能承受步行的辛苦，体质虚弱，又不能经受寒冷或酷热。暴病而死的人，往往是由于这个原因。建康令王复，性情温文尔雅，从未骑过马，一看见马嘶鸣跳跃，就惊慌害怕，他对人说道："这是老虎，为什么叫马呢？"当时的风气竟然颓废到这种程度。

古人深刻体验务农的艰辛，这是为了使人珍惜粮食，重视农业劳动。民以食为天，没有食物，人们就无法生存，三天不吃饭的话，父子之间就没有力气互相问候。粮食要经过耕种、锄草、收割、储运、舂打、扬场等好几道工序，才能放存粮仓，怎么可以轻视农业而重视商业呢？江南朝廷里的官员，随着晋朝的复兴，南渡过江，流落他乡，到现在也经历了八九代了。这些官员从来没有人从事农业生产，而是完全依靠俸禄供养。如果他们有田产，也是随意交给年轻的仆役耕种，从没见过别人挖一块泥土，插一次秧，不知何时播种，何时收获，又怎能懂得其他事务呢？因此，他们做官就不识世务，治家就不办产业，这都是养尊处优带来的危害！

阅读延伸

历代名人家训一：孔丘"训子鲤"

不学'诗'，无以言，不学'礼'，无以立。

虚心受教

孔子在旅行，经过一个村庄，他看到一个老人，一个很老的老人，他从井里面打水来浇地。那是非常辛苦的工作，太阳又那么大。孔子以为这个人可能没有听说过现在有机械装置可以打水——你可以用牛或者马代替人打水，这样比较容易——所以孔子就过去对老人说："你听说过现在有机器吗？用它们从井里打水可以非常容易，而且你做十二个小时的工作，它们可以在半小时之内就完成。可以让马来做这件事情。你何必费这么大的力气呢？你是一个老人啊。"他肯定有九十岁了。

那个人说："用手工作总是好的，因为每当狡猾的机器被使用的时候，就会出现狡猾的头脑。事实上，只有狡猾的头脑才会使用狡猾的机器。你这不是存心败坏我吗！我是一个老人，让我死得跟生出来的时候一样单纯。用手工作是好的。一个人会保持谦卑。"

孔子回到他的门徒那里。门徒们问："您跟那个老人谈什么呢？"

孔子说："他看起来似乎是老子的门徒。他狠狠地敲了我一棒，而且他的论点好像是正确的。"

当你用手工作的时候，不会出现头脑的影子，一个人保持谦卑、单纯、自然。当你使用狡猾的机器时，头脑就介入了。那些用头脑工作的人被称为头头：职员的头头，老师的头头——他们被称为头头。不要做头头。即使做一个职员也已经很不好了，何况做职员头头……那就完了。做一个老师已经够糟糕的了，何况做老师头头……要设法成为"手"。"手"是被批判的，因为它们不狡猾，不够具有竞争性；它们似乎是原始的。试着多用手来工作，你会发现那个影子出现得越来越少了。

因材施教

子路曾经问孔子："听说一个主张很好，是不是应该马上实行？"孔子说："还有比你更有经验、有阅历的父兄呢，你应该先向他们请教请教再说，哪里能马上就做呢？"可是冉有也同样问过孔子："听说一个主张很好，是不是应该马上实行呢？"孔子却答道："当然应该马上实行。"公西华看见同样问题而答复不同，想不通，便去问孔子，孔子说："冉求遇事畏缩，所以要鼓励他勇敢；仲由遇事轻率，所以要叮嘱他慎重。"

冉有曾告诉过孔子："不是不喜欢你讲的道理，就是实行起来力量够不上呢。"孔子说："力量够不上的，走一半路，歇下来，也还罢了；可是你现在根本没想走！"这就是冉有的情形。子路不然，子路是个痛快人，孔子曾说他三言两语就能断明一个案子。有一次，孔子开玩笑地说：

“我的理想在中国不能实现的话，我只好坐上小船到海外去，大概首先愿意跟着我的准是仲由了。”子路当了真，便欢喜起来。孔子却申斥道：“勇敢比我勇敢，可是再也没有什么可取的了！”这就是子路的脾气。孔子对他们说的话，都是对症下药。

孔子对其他弟子也同样有中肯的批评。颜回是他最得意的弟子，但因为颜回太顺从他了，便说道：“颜回不是帮助我的，因为他对我什么话都一律接受！”又如孔子是主张全面发展的，如果单方面发展，他认为那就像只限于某一种用处的器具了，所以说：“有学问、有修养的人不能像器具一样。”可是子贡就有陷于一偏的倾向，所以他就批评子贡说：“你只是个器具啊！”子贡问道：“什么器具呢？”孔子说：“还好，是祭祀时用的器具。”意思是说，从个别的场合看来，子贡是个体面的器具，却没有注意到全面的发展。

孔子注重启发，他善于选择人容易接受的机会给予提醒。他说：“如果一个人不发愤求知，我是不开导他的；如果一个人不是到了自己努力钻研、百思不得其解而感觉困难的时候，我也不会引导他更深入一层。譬如一张四方桌在这里，假使我告诉他，桌子的一角是方的，但他一点也不用心，不能悟到那其余的三只角也是方的，我就不会再向他废话了。”

孔子又往往能使人在原来的想法上更进一步。子贡有一次问道：“一般人都喜欢这个人，这个人怎么样？”孔子说：“这不够。”子贡又问：“那么，一般人都不喜欢这个人呢？”孔子说：“也不够。要一切好人都喜欢他，一切坏人都不喜欢他才行。”

孔子也常常以自己虚心的榜样来教育弟子。他曾说：“我不是生来就知道什么的，我不过是喜欢古代人积累下来的经验，很勤恳、很不放松地去追求就是了。”又说：“三个人一块儿走路，其中就准有我一位老师。”还说：“我知道什么？我什么也不知道。有人来问我，我也是空空的。但我一定把人们提的问题弄清楚，我尽我的力量帮他思索。”

有一次，子路问孔子人死了以后怎样，孔子说：“活着的问题还没解决，管死了以后做什么？”子路又问：“该怎样对待鬼神？”孔子说：“对待人还没对待好呢，谈什么对待鬼神！”孔子就是这样看重实际问题，而不喜欢空论的。孔子也很少谈怪异、武力、变乱、鬼神。在做人道理方面，如果提得太高而不切实，孔子也是不许可的。子贡曾说：“我不愿意别人对待我的，我也不要照样对待别人。”孔子便说：“赐啊，这不是你现在能做到的！”

颜回师从孔子

颜回“年十三，入孔子之门”时，孔子聚徒讲学已达十三年之久。其声望远播于各诸侯国，其弟子子路、孟懿子、南宫敬叔等在鲁国已小有名气。

颜回刚入孔门时，在弟子中年龄最小，性格又内向，沉默寡言，才智较少外露，有人便觉得他有些愚。马骕《绎史》引《冲波传》曰：子路、颜回浴于洙水，见五色鸟，颜回问，子路曰：“荧荧之鸟。”后日，颜回与子路又浴于泗水，更见前鸟，复问由：“识此鸟否？”子路曰：“同同之鸟。”颜回曰：“何一鸟而二名？”子路曰：“譬如丝绡，煮之则为帛，染之则为皂。一鸟二名，不亦宜乎？”其大意是：有一次颜回随子路去洙水洗澡，见五色鸟在河中戏水，便问子路是什么鸟。子路回答说：这叫荧荧鸟。过了些日子，颜回与子路又去泗水洗澡，又在河中碰见五色鸟，颜回再次问子路：您认得这鸟吗？子路又答曰：这是同同鸟。颜回反问：为什么一种鸟有两个名字呢？子路说：就像我们这里出产的鲁绢一样，用清水漂洗就是帛，用颜色染就是皂，一种鸟两个名字不是很自然吗？

颜回的忠厚与内向，掩盖了他的聪颖善思，就连孔子一时也难以断定颜回的天资究竟属于那个层次。经过一段时间的深入观察了解，孔子才指出颜回并不愚。《论语·为政》记载：子曰：“吾与回言终日，不违，如愚。退而省其私，亦足以发，回也不愚。”颜回天资极聪慧，就连能言善辩的子贡也坦率地说不敢与颜回相比。《论语·公冶长》记载：子谓子贡曰：“女与回也孰愈？”对曰：“赐也何敢望回？回也闻一以知十，赐也闻一以知二。”子曰：“弗如也；吾与女弗如也。”

颜回聪敏过人，虚心好学，使他较早地体认到孔子学说的精深博大，他对孔子的尊敬已超出一般弟子的尊师之情。他以尊崇千古圣哲之情尊崇孔子，其亲若父与子。《论语·子罕》曰：颜渊喟然叹曰：“仰之弥高，钻之弥坚。瞻之在前，忽焉在后。夫子循循然善诱人，博我以文，约我以礼，欲罢不能。既竭吾才，如有所立卓尔。虽欲从之，末由也已。”其大意是：颜回曾感叹地说：老师的道，越抬头看，越觉得它高明，越用力钻研，越觉得它深奥。看着它似乎在前面，等我们向前面寻找时，它又忽然出现在后面。老师的道虽然这样高深和不易捉摸，可是老师善于有步骤地诱导我们，用各种文献知识来丰富我们，提高我们，又用一定的礼来约束我们，使我们想停止学习都不可能。我已经用尽我的才力，似乎已能够独立工作。要想再向前迈一步，又不知怎样着手了。所以在少正卯与孔子争夺弟子时，使“孔子之门三盈三虚”，唯有颜回未离孔门半步，因而后人评价说：“颜渊独知孔子圣也。”

颜回求学期间，曾于鲁定公八年（公元前502年），娶宋国女子戴氏为妻。次年生子颜歆。

鲁定公七年（公元前503年）时，颜回西游至卫，由卫至宋。《说苑·敬慎》载：颜回将西游，问孔子曰：“何以为身?”孔子曰：“恭敬忠信，可以为身。恭则免于众，敬则人爱之，忠则人与之，信则人恃之。人所爱，人所与，人所恃，必免于患矣。可以临国家，何况于身乎？故不比数而比谏，不亦远乎？不修中而修外，不亦反乎？不先虑事，临难乃谋，不亦晚乎?”（《孔子家语》《庄子》）

两书对颜回将西游也有记载，只是文字略有不同。

颜回西游的目的，主要是去宋国向戴氏求婚。据颜景琴著《颜子评传》考证，颜回途经卫国，是因为其本家颜浊邹在卫国。颜子的同宗颜浊邹在卫国有一定的社会地位和影响，为卫国贤大夫，而且家资丰厚，后来孔子周游列国，初到卫国时，就住在他家中。颜子到卫国并不是他最终的目的地。按《家语》说，应是经卫而到宋国去。若颜子直接由鲁国到宋国去，便不能说“颜子将西游”，因为宋国在鲁国的西南方，而不是在西方。颜子到宋国去的目的，很可能与其婚姻有关。颜子之所以先到卫国而后到宋国，看来颜浊邹在其间充当了月老的角色，故颜子以到卫国去游学为由，而实际上是请颜浊邹一同前往宋国。

颜回在其人生的第一阶段，十三岁人孔门，用了大约六年的时间，其学业基本已成。东汉郎凯说：昔颜子“十八，天下归仁”。十九岁向宋戴氏求婚，二十岁与戴氏完婚，二十一岁生子颜歆。

关于颜回婚配的年龄，学术界尚有不同的说法。一说三十岁娶戴氏。但据《周礼·地官》曰：“媒氏掌万民之判。凡男女自成名以上皆书年、月、日，名焉，令男三十而娶，女二十而嫁。”意思是说，媒人掌管天下万民男女结合为夫妇的事，一般是在男孩或女孩满三个月之后就登记在册。如果男满三十岁，女满二十岁还没婚配，则由官媒作主令其嫁、娶某人，个人与家长便失去了选择的自由。春秋时期战乱频繁，为争霸天下，各诸侯国大都把《周礼》规定的最高嫁娶年龄界限向前提，以便迅速繁衍人口。到颜回所处的春秋末期，越国已下令：“凡男二十，女十七不婚者，有罪及父母。”孔子是十九岁娶亓官氏的，颜回晚一年，应是二十岁婚配，而不是三十岁。

颜回随师周游列国时，其子颜歆已五岁。

随师周游

颜回在其人生的第二个阶段，约十四年的时间是随孔子周游列国。

鲁定公十三年（公元前 497 年），孔子“隳三都”的计划失败，在鲁国推行自己的政治主张已不可能，便离开鲁国，开始周游列国。

颜回与子路随孔子进入卫国后，二人先至卫都帝丘（在今河南濮阳西南）颜浊邹家。颜回与颜浊邹同为小邾子颜友的后人，子路则是颜浊邹的妹夫，彼此一向有往来。颜回与子路告知孔子到卫国来的真实情况，并希望颜浊邹能把孔子一行推荐给卫君。

颜浊邹答应二人的请求，把孔子一行的食宿安排在自己家中，以便早晚求教于夫子。经颜浊邹、蘧伯玉（孔子弟子）等人的推荐，卫灵公接见了孔子及颜回一行，并按孔子在鲁国所得年俸给粟六万，于是他们从颜浊邹家搬出自立馆舍居住。颜回随孔子在卫国住了十个月，有人向卫灵公进言说，如果他们是为鲁国图谋卫国而来，该怎么办？卫灵公遂派公孙余假暗中监视孔子师徒。孔子恐受其害，便匆忙离开卫国，准备到陈国去。不料途经匡地（今河南长垣县境）时，被误认作曾侵犯匡地的阳虎而被匡人围困。

孔子等匆忙离开卫都帝丘时，颜回暂时留在颜浊邹家，以便观察卫国的动向。卫灵公调查清楚孔子一行到卫国来并不是鲁国派来的，于是再次接受颜浊邹、蘧伯玉等人的劝谏，请颜回传话，恳请孔子回帝丘。

颜回至匡，见到了被围困的孔子等人。孔子动情地说："吾以女为死矣。"颜回恭敬地回答道："子在，回何敢死。"（《论语·先进》）颜回汇报了卫国无意加害夫子的实情，并转达了卫灵公恳请夫子回帝丘，以及卫灵公将在城外恭候夫子，以谢不恭之罪的话。

颜回随孔子重回帝丘，途经蒲邑，又遭到蒲人的拦截。当时，卫国人公孙戌被卫灵公驱逐后，便逃到蒲地策动叛乱。他试图胁迫孔子一行参加，利用孔子及其弟子们的声望壮大自己的声势。经孔门弟子子路、公良孺等的拼杀，蒲人感到靠武力留不住孔子一行，建议和谈，答应放行，但不能回帝丘。孔子同意，双方举行了盟誓。但一离开蒲地，孔子就吩咐大家赶回帝丘去。子贡不解地问：方才的盟誓难道可以违反么？孔子说：那是强迫我们盟誓，神灵不会听信的。孔子一行重返帝丘，卫灵公果然出城恭迎。

孔子重返帝丘，卫灵公仍给其丰厚的待遇，但不给孔子具体的事做。颜回等人有了较多的时间向孔子请教学问，有时也一同外出考察古迹名胜，研究卫国文化，或登山临水，饱览卫国风光。但在卫国没有实践孔子之道、用孔子之道治理国家的机会，这使孔子一行不得不离开卫国，寻找能用其道的君主。

鲁定公十五年（公元前495年）春，颜回随孔子离开卫国，向东南行数百里到达曹国，在曹国稍作逗留，于夏天到达宋国。孔子夫人亓官氏是宋国人，颜回的夫人也是宋国人，且宋国又是孔子祖籍，他们在感情上觉得比其他国家亲近些，所以到达宋国后便去求见宋君。宋君向孔子讨教治国之策，孔子借机向宋君宣扬自己的治国之道。宋君听后却表示：你的主张是对的，但我不能，我做不到（见《说苑·政理》）。宋君的态度使孔子一行十分失望，便离开宋国赴郑国。

颜回随孔子在郑国考察了大夫子产的政绩，考察了乡校，拜祭了子产。在位的郑国君臣无意留用孔子，孔子一行只好离开郑国赴陈国。陈是南方妫姓小国，相传是舜的后裔，国都宛丘（在今河南淮阳）。不久，颜回又随孔子赴晋国。晋是春秋时颇有影响的大国。能在晋国从政，推行孔子的治国之道，其影响所及远非他国所比。行至黄河东岸，听说赵鞅杀害了贤臣窦鸣犊及舜华，孔子一行不能西行，再回到卫国，不久由卫国再次入陈。此时颜回已是而立之年，按周礼，颜回应独立讲学或从事其他社会工作，只是他在孔门中处于首要地位，不得不以“回不愿仕”放弃了出仕做官的机会。

鲁哀公四年至六年（公元前491——前489年）这段时间里，颜回在随孔子到楚国去的过程中，曾辗转于陈国、蔡国、叶国、楚国之间。据《史记·孔子世家》载：楚王听说孔子一行在陈蔡之间，就派人去聘请孔子。消息传到陈、蔡，两国大夫深恐孔子入楚对己不利，便派兵拦截。孔子师徒最初不了解陈、蔡派兵的意图，为躲避军兵的袭扰，他们只好在旷野中行进，不料陷人了绝粮的境地。孔子知弟子有愠心，乃召子路而问曰：“《诗》云：‘匪兕匪虎，率彼旷野。’吾道非邪？吾何为于此？”子路曰：“意者吾未仁邪？人之不我信也。意者未吾知邪？人之不我行也。”孔子曰：“有是乎？由，譬使仁者而必信，安有伯夷、叔齐？使知者而必行，安有王子比干？”子路出，子贡人见。孔子曰：“赐，《诗》云：‘匪兕匪虎，率彼旷野。’吾道非邪？吾何为于此？”子贡曰：“夫子之道至大也，故天下莫能容夫子。夫子盖少贬焉？”孔子曰：“赐，良农能稼而不能为穑，良工能巧而不能为顺，君子能修其道，纲而纪之，统而理之，而不能为容。今尔不修尔道而求为容。赐，而志不远矣！”子贡出，颜回入见。孔子曰：“回，《诗》云：‘匪兕匪虎，率彼旷野。’吾道非邪？吾何为于此？”颜回曰：“夫子之道至大，故天下莫能容。虽然，夫子推而行之，不容何病，不容然后见君子！夫道之不修也，是吾丑也。夫道既已大修而不用，是有国者之丑也。不容何病，不容然后见君子！”夫子欣然而笑曰：“有是哉，颜氏之子！使尔多财，吾为尔宰。”这段记载，主要是说：为了坚定弟子们的信念，孔子把弟子们叫到身旁，对他们说：《诗》里说："不是老虎，不是犀牛，徘徊在旷野，是何缘由?"我的主张不对吗？为什么受困在这里？子路认为：主张不被别人采纳，是由于自身在仁、智方面不到家，所以别人看不起。子贡认为：主张不被采纳，是由于老师把标准定得太高，别人接受不了，应该降低要求。孔子对子路、子贡的回答不满意，他说：伯夷、叔齐是仁者吧，却饿死首阳山。这说明仁智的人也会不遇时而遭厄运。至于降低标准，迎合世俗，实际是放弃理想，更要不得。孔子问颜回如何理解。颜回说：老师的主张是伟大的，别人不接受，那是他们的责任。如果我们的"道"没有修好，这是我们的耻辱；我们的"道"已经完善而不被采纳，那是各国掌权者的耻辱。正确的主张不被人家采纳，自己仍坚持下去，这才显出君子的修养。孔子听了颜回的议论，很是高兴，说：好样的，颜氏之子，如果将来你发了财，我愿替你当管家。

颜回随孔子在陈、蔡期间绝粮七天，子贡费了许多周折才买回一石米。颜回与子路在破屋墙下做饭，有灰尘掉进饭中，颜回便取出来自己吃了。子贡在井边远远望见，很生气，以为他偷饭吃，便跑去问孔子：仁人廉士也改变自己的节操吗？孔子说：改变节操还叫仁人廉士吗？子贡说：像颜回，也不改变节操吗？孔子说：是的。子贡便把自己看到的情况告诉孔子。孔子说：我相信颜回是仁人已非止一日，你虽如此说，我仍不会怀疑他，这里边必定有缘故。你等等，我将问他。孔子把颜回叫到身边说：日前我梦见先人，大概是启发佑助我。你把做好的饭进来，我将祭奠先人。颜回对夫子说：刚才有灰尘掉进饭里，留在锅里不干净，丢掉又太可惜，我就把它吃了，不可以用来祭奠了。孔子说：是这样，我也一起吃吧。颜回出去后，孔子环顾了一下身边的弟子说：我相信颜回不是从今天开始的。从此以后，大家更加信赖颜回。

鲁哀公七年（公元前488年），颜回随孔子离开负函，经陈、仪、蒲回到卫国帝丘。鲁哀公十一年（公元前484年），颜回三十八岁，孔子六十八岁，季康子派使臣公华、公宾、公林带着礼品到卫国来迎接孔子一行归国。从此颜回结束了跟随孔子长达十四年的列国周游。

省事篇十二

原文

铭金人云[①]："无多言，多言多败；无多事，多事多患。"至哉斯戒也！能走者夺其翼，善飞者减其指，有角者无上齿，丰后者无前足，盖天道不使物有兼焉也。古人云："多为少善，不如执一；鼫鼠[②]五能，不成伎术。"近世有两人，朗悟[③]士也，性多营综[④]，略无成名，经不足以待问，史不足以讨论，文章无可传于集录[⑤]，书迹[⑥]未堪以留爱玩，卜筮射六得三[⑦]，医药治十差[⑧]五，音乐在数十人下，弓矢在千百人中，天文、画绘、棋博、鲜卑语、胡书、煎胡桃油、炼锡为银[⑨]，如此之类，略得梗概[⑩]，皆不通熟。惜乎！以彼神明[⑪]，若省其异端[⑫]，当精妙也。

注释

①铭金人云：见于《说苑·敬慎》，说孔子到周，在太庙前看到有个三缄其口的金人，背下铭文有"无多言……"等话。

②鼫（shí）鼠：即梧鼠，据说它能飞不能过屋脊，能爬不能到树顶，能游不能渡涧谷，能穴不能藏身体，能走不能超过人。

③朗悟：聪明。

④营综：经营。

⑤集录：选录的本子。

⑥书迹：字迹。

⑦卜筮（shì）：卜是用龟壳卜，筮是用蓍（shí）草占。通称占卜，是古人相信的一种企图猜测未来的迷信活动。射六得三：射是猜测，用占卜猜中三次完全是偶然碰上，绝不是真有什么灵验。

⑧差（chài）：病愈。

⑨棋：是围棋。博：六博，古代的一种游戏，先秦时已出现，唐宋以后

不再有人玩了。胡书：写鲜卑文字或西域少数民族的文字，当时通称他们为胡，所以把他们的文字称为“胡书”。炼锡为银：这当然是不可能的，因为锡和银是不同的化学元素，但古人认为可能，弄所谓“炼金术”之类。

⑩梗（gěng）概：大概。

⑪神明：此指人的精神，灵气。

⑫异端：正经学问以外的东西。

译文

铭在金人身上的文字说：“不要多话，多话会多失败；不要多事，多事会多祸患。”对极了这个训诫啊！会走的不让生翅膀，善飞的减少其指头，长了双角的缺掉上齿，后部丰硕的没有前足，大概是天道不叫生物兼具这些东西吧！古人说：“做得多而做好的少，还不如专心做好一件；鼫鼠有五种本事，可都成不了技术。”近代有两位，都是聪明人，喜欢多所经营，可没有一样成名，经学禁不起人家提问，史学够不上和人家讨论，文章不能入选流传，字迹不堪存留把玩，卜筮六次才有三次猜对，医治十人才有五人痊愈，音乐水平在几十人之下，弓箭技能在千百人之中，天文、绘画、棋博、鲜卑语、胡书、煎胡桃油、炼锡为银，诸如此类，只是懂个大概，都不精通熟练。可惜啊！凭这两位的灵气，如果不去弄那些异端，应该很精妙了。

解题

这篇《省事》里的所谓省事，是讲要省些事，即有些事不该做，不必做，犹今人所说“不必做些无用功”。这里选择篇首一段，所讲技能不必太多而应专精，这在今天学习上都有参考价值。

阅读延伸

历代名人家训二：司马谈“命子迁”

且夫孝，始于事亲，中于事君，终于立身；扬名于后世，以显父母，此孝之大者。

司马迁和父亲洛阳相会

公元前 110 年（元封元年），汉武帝举行大规模的巡行封禅，步骑十八万，旌旗千余里，浩浩荡荡。司马迁的父亲司马谈是史官，司马谈这时候却病了，经过汉武帝的允许留在洛阳养病，正好司马迁从长安匆匆赶去追随汉武帝，在洛阳见到了他奄奄一息的父亲司马谈。

司马迁在为《史记》写的“自序”里，详细记录了司马谈在“河、洛之间”对他说的那番语重心长的遗嘱。司马谈说：余先，周室之太史也，自上世尝显功名于虞、夏，典天官事，后世中衰，绝于予乎？汝复为太史，则续吾祖矣。今天子接千岁之统，封泰山，而余不得从行，是命也夫，命也夫！余死，汝必为太史。为太史，无忘吾所欲论著矣。且夫孝始于事亲，中于事君，终于立身，扬名于后世，以显父母，此孝之大者。夫天下称颂周公，言其能歌文、武之德，宣周、邵之风，达太王、王季之思虑，爰及公刘，以尊后稷也。幽厉之后，王道缺，礼乐衰，孔子脩旧起废，论《诗》《书》，作《春秋》，则学者至今则之。自获麟以来，四百有余岁，而诸侯相兼，史记放绝。今汉兴，海内一统，明主贤君忠臣死义之士，余为太史而弗论载，废天下之史文，余甚惧焉，汝其念哉！

司马迁俯首流涕，对父亲发誓说：“我虽不聪敏，请容许我把您已记录编排过的有关过去的传闻，完整地书写出来，绝不敢有缺漏。”洛阳相会，就这样成为这一对钟情于历史学的父子之间的生死之别。

止足篇十三

原文

《礼》云[1]：“欲不可纵，志不可满。”宇宙可臻其极[2]，情性不知其穷，唯在少欲知止，为立涯限[3]尔。先祖靖侯戒子侄曰：“汝家书生门户，世无富贵[4]，自今仕宦不可过二千石[5]，婚姻勿贪势家[6]。”吾终身服膺[7]，以为名言也。

天地鬼神之道，皆恶满盈，谦虚冲损[8]，可以免害。人生衣趣以覆寒露，食趣[9]以塞饥乏耳。形骸[10]之内，尚不得奢靡，己身之外，而欲穷骄泰[11]邪？周穆王、秦始皇、汉武帝富有四海[12]，贵为天子，不知纪极[13]，犹自败累[14]，况士庶[15]乎？常以二十口家，奴婢盛多，不可出二十人，良田十顷[16]，堂室才蔽风雨，车马仅代杖策[17]，蓄财数万，以拟吉凶急速[18]。不啻[19]此者，以义[20]散之；不至此者，勿非道求之。

注释

①《礼》云：见于《礼记·曲礼上》。

②臻（zhén）：至，到达。极：穷尽之处，边缘。

③涯限：边限，限度。

④世无富贵：颜之推家是士族，好多代都有做官的，这里所说世代没有富贵，只是指没有特大的富贵。

⑤二千石：汉代郡的太守每年俸禄为二千石粮食，以后“二千石”就成为太守的代称。此指太守和中品级的中央官。

⑥势家：有权有势之家。

⑦服膺（yīng）：信服并谨记在心。

⑧冲：谦和。损：自己贬抑自己。

⑨趣：旨趣，目的。

⑩形骸（hái）：人的形体。

⑪泰：骄傲放肆。

⑫周穆王：西周的周王姬满，传说他去西方巡游作乐，引起东方徐戎的反叛。秦始皇：秦始皇统一中国后虐用民力，到儿子秦二世皇帝胡亥就天下大乱，不久灭亡。汉武帝：西汉武帝刘彻，好大喜功，虐用民力，晚年多处爆发农民起义，还发生宫廷变乱。有四海：四海之内都为其所有，即古人所说“普天之下，莫非王土”的意思。

⑬纪极：有个限度，适可而止。

⑭败累（lèi）：败坏受害。

⑮士庶：士大夫和庶人（百姓）。

⑯顷：田地一百亩为一顷。

⑰杖策：扶着手杖。

⑱拟：预备。吉凶：婚事丧事。急速：指急需，急用。

⑲不啻（chì）：不仅，不止。

⑳义：合乎道理。

译文

《礼记》上说：“欲不可以放纵，志不可以满盈。”宇宙还可到达边缘，情性则没有个尽头。只有少欲知止，立个限度。先祖靖侯教诫子侄说：“你家是书生门户，世代没有出现过大富大贵，从今做官不可超过二千石，婚姻不能贪图权势之家。”我终身信服并谨记在心，认为是名言。

天地鬼神之道，都厌恶满盈，谦虚贬损，可以免害。人生穿衣服的目的是在覆盖身体以免寒冷，吃东西的目的在填饱肚子以免饥饿乏力而已。形体之内，尚且无从奢侈浪费，自身之外，还要极尽骄傲放肆吗？周穆王、秦始皇、汉武帝富有四海，贵为天子，不懂得适可而止，还招致败坏受害，何况士庶呢？常认为二十口之家，奴婢最多不可超出二十人，有十顷良田，堂室才能遮挡风雨，车马仅以代替扶杖。积蓄上几万钱财，用来预备婚丧急用。已经不止这些，要合乎道理地散掉；还不到这些，也切勿用不正当的办法来求取。

解题

止足，一般写成“知足”。这里止足，是既有要满足又要知止，知止，就是说做官、积财都该有个限度，财富太多、官位太高都容易招来祸患，不如有个限度得以平安过日子为好。这是南北朝时士族经历祸患后的经验之谈。止足，由《老子》四十四章“知足不辱，知止不殆，可以长久”而来，旨趣一致。

阅读延伸

历代名人家训三：诸葛亮“诫子书”

夫君子之行，静以修身，俭以养德。非淡泊无以明志，非宁静无以致远。夫学，欲静也；才，须学也。非学无以广才，非志无以成学。慆慢则不能研精，险躁则不能理性。鞠躬尽瘁

诸葛亮辅佐刘备、刘禅两代君主，任蜀相 27 年，位极人臣，权盖朝廷，但一生克己奉公，始终保持清廉本色。

建兴五年至十二年，诸葛亮为了消灭北魏的有生力量，实现匡复汉室的宏伟大业，先后五次率兵北伐。军中事务，无论巨细，他都一丝不苟，亲自过问，每天起早摸黑，日理万机，终于因“食少事烦”，积劳成疾而心衰力竭，病倒在五丈原前线大营中。

病床上的诸葛亮一想到自己没能完成先主遗愿，不禁老泪纵横。后主刘禅在成都听说丞相病重，立刻派李福前去探望。诸葛亮见到李福，嘴角边露出一丝笑意。他吃力地将军国大事、身故后的继承人等，向李福一一作了交待，又把自己死后如何退兵的安排详细嘱托给杨仪。说完这些最令他放心不下的事之后，诸葛亮已几乎喘不过气来了。稍息片刻后，他又声若游丝继续说道：“我死后，一定要把我葬在汉中定军山。丧葬务必求简，依山造坟，墓穴只要能容纳一口棺木即可。入殓时，让我穿上平时的便服，千万不要放任何陪葬品……”诸葛亮的声音越说越低，终于归入一片寂静。李福想到丞相为国家操劳一生，临终要求竟如此之简，不禁又感动

又悲痛，忍不住流下了眼泪。

诸葛亮生前曾给刘后主上过一份奏章，说明自己家庭的经济状况："成都有桑树八百株，薄田十五顷，留给儿辈作衣食之资，自有余饶。臣在外任，没有别的安排，随身衣食，全靠官府供给，不另外经营产业来增加收入。我死的时候，家里不会有多余的布帛，外面不会有多余的钱财，决不辜负陛下的信任。"诸葛亮去世后，家中的情况确实正如他自己所说的那样。蜀国君臣百姓特地修建祠庙，以纪念这位"鞠躬尽瘁，死而后已"的一代名相。

唐代诗人杜甫来到武侯祠，写下了千古绝唱《蜀相》：

丞相祠堂何处寻？锦官城外柏森森。
映阶碧草自春色，隔叶黄鹂空好音。
三顾频烦天下计，两朝开济老臣心。
出师未捷身先死，长使英雄泪满襟。

诫兵篇十四

原文

颜氏之先，本乎邹、鲁①，或分入齐②，世以儒雅为业，遍在书记③。仲尼门徒，升堂④者七十有二，颜氏居八人焉。秦汉魏晋，下逮齐梁，未有用兵以取达者。春秋世颜高、颜鸣、颜息、颜羽之徒，皆一斗夫⑤耳。齐有颜涿聚，赵有颜最，汉末有颜良，宋有颜延之⑥，并处将军之任，竟以颠覆。汉郎颜驷，自称好武，更无事迹。颜忠以党楚王受诛，颜俊以据武威见杀，得姓已来，无清操者，唯此二人，皆罹⑦祸败。顷世乱离，衣冠之士⑧，虽无身手⑨，或聚徒众，违弃素业⑩，侥幸战功。吾既羸薄，仰惟前代⑪，故置心于此⑫，子孙志⑬之。孔子力翘门关⑭，不以力闻，此圣证⑮也。吾见今世士大夫，才有气干⑯，便倚赖之，不能被甲执兵，以卫社稷，但微行险服⑰，逞弄拳腕，大则陷危亡，小则贻耻辱，遂无免者。

注释

①颜氏之先，本乎邹、鲁：邹和鲁都是西周、春秋到战国时的诸侯国，都在以今曲阜为中心的山东东南地区，是儒家的发源地，颜之推认为他的远祖是孔子的大弟子颜回，故这么说。

②齐：春秋、战国时西周的诸侯国。

③书记：这里是书籍记载的意思。

④升堂：升堂入室的略语。《论语·先进》："由也升堂矣，未入室也。"后称人学问造诣精深为升堂入室。据说这升堂的有七十二人，其中姓颜的有颜回、颜无繇、颜幸、颜高、颜祖、颜之仆、颜哙、颜何共八人，见《史记·仲尼弟子列传》。

⑤斗夫：会战斗拼杀的人。

⑥颜延之：应作颜延，东晋末年王恭的将领，为刘牢之所杀，见《宋书·刘敬宣传》，这里的“宋有”应作“晋有”。

⑦罹（lì）：遭遇，指遭受不幸的事情。

⑧衣冠之士：指士大夫、官绅。

⑨身手：勇力武艺。

⑩素业：指士大夫的本业，即读书做官。

⑪仰惟前代：想起过去时代那些姓颜的人好兵致祸的教训。惟：思。

⑫置心于此：把心放在这读书做官上面。

⑬志：记在心里，记住。

⑭翘：举起。门关是古代城门上的悬门，紧急时从上闸下把门闭住。

⑮圣证：请出圣人孔子来作证。

⑯气干：气血和躯体。

⑰微行：改穿贫贱人的服饰，隐匿原来高贵身份外出。险服：武士或剑客所穿的上衣，后幅较短，便于活动。

译文

颜氏的祖先，本来在邹国、鲁国，有一分支迁到齐国，世代从事儒雅的事业，都在古书上面记载着。孔子的学生，学问已经入门的有七十二人，姓颜的就占了八个。秦汉魏晋，直到齐梁，颜氏家族中没有人靠带兵打仗来显贵的。春秋时代，颜高、颜鸣、颜息、颜羽之流，只不过是一介武夫而已。齐国有颜涿聚，赵国有颜最，东汉末年有颜良，东晋有颜延，都担任过将军的职务，最终都遭到悲惨的命运。西汉时侍郎的颜驷，自称喜好武功，却没有见他干什么功绩。颜忠因党附楚王而被杀，颜俊因谋反占据武威而被诛，颜氏家族中到现在为止，节操不清白的，只有这两个人，他们都遭到祸患。近代天下大乱，有些士大夫和贵族子弟，虽然没有勇力习武，却聚集众人，放弃清高儒雅的事业，想侥幸猎取战功。我身体瘦弱单薄，又想起过去时代姓颜的人好兵致祸的教训，所以仍旧把心放在读书做官上面，子孙们对此要牢记在心里。孔子力能推开沉重的国门，却不肯以“大力士”闻名于世，这是圣人留下的榜样。我看到今世的士大夫，才有点气力，就作为资本，又不能披铠甲执兵器来保卫国家。而是行踪神秘，穿着奇装异服，卖弄拳勇，重则陷于危亡，轻则留下耻辱，竟没有谁能幸免这可耻的下场。

解题

颜之推在这篇《诫兵》里没有讲战争的性质，只是主张士大夫不该参预军事而用兵，并列举了历史上姓颜的多以儒雅知名，而喜武的常无成就，甚至不得好结局，来论证他的主张。

原文

国之兴亡，兵之胜败，博学所至，幸讨论之。入帷幄①之中，参庙堂②之上，不能为主尽规以谋社稷，君子所耻也。然而每见文士，颇③读兵书，微有经略。若居承平之世，睥睨宫闱④，幸灾乐祸，首为逆乱，诖误⑤善良；如在兵革之时，构扇⑥反覆，纵横⑦说诱，不识存亡，强相扶戴。此皆陷身灭族之本也。诫之哉！诫之哉！

习⑧五兵，便乘骑，正可称武夫尔。今世士大夫，但不读书，即称武夫儿，乃饭囊酒瓮也。

注释

①帷幄：此指天子决策之处。

②庙堂：朝廷。此指国君接受朝见、议论政事的殿堂。

③颇：此处是略微的意思。

④睥睨：窥视，侦伺。宫闱：帝王后宫。

⑤诖误：贻误，连累。

⑥构扇：也作“构煽”，挑拨煽动。

⑦纵横：即合纵连横的简称。战国时，苏秦游说六国诸侯联合拒秦，称合纵。张仪游说诸侯共同事秦，称连横。此指在各个势力之间讲行游说煽动，使之互相攻伐。

⑧习：熟悉。

译文

国家的兴亡，战争的胜败这类问题，希望你们在学问达到渊博的时候，细心加以研究。在军队中运筹帷幄，朝廷里参与议政，如果不尽力为君主出谋献策，商议国家大事，这是君子的耻辱。然而我看见一些文人，略微读过几本兵书，稍懂得一些谋略，如果生活在太平盛世，就蔑视宫廷，幸灾乐祸，首先起来叛乱，连累贻害善良；如果是在兵荒马乱的时代，就勾结煽动众人反叛，无所顾忌，四处游说，拉拢诱骗，不识存亡之机，拼命相互扶植拥戴。这些都是招致杀身灭族的祸根。要引以为戒啊！要引以为戒！

熟练五种兵器，擅长骑马，这才可以称得上武夫。当今的士大夫，只要不肯读书，就称自己是武夫，实际上是酒囊饭袋罢了。

阅读延伸

历代名人家训四：韩愈“符读书城南”

木之就规矩，在梓匠轮舆。人之能为人，由腹有诗书。诗书勤乃有，不勤腹空虚。欲知学之力，贤愚同一初。由其不能学，所入遂异闾。

天涯海角

韩愈两岁时就死了父亲，不久母亲又死去。幼时依靠他哥哥韩会和嫂嫂郑夫人过活。韩会有一个嗣子（韩愈次兄介之子，出继与长兄为嗣）叫老成，排行十二，所以小名叫十二郎，年纪比韩愈小一点。后来韩会42岁的时候，因宰相元载的事，贬为韶州刺史，不到几个月就病死在韶州，这时韩愈只有11岁，十二郎也很小。韩愈虽然有三个哥哥（会、弁、介），但都很早离开了人世。这时，继承祖先后代的，只有韩愈和他的侄子十二郎两个人，零丁孤苦，没有一天离开过。韩愈19岁时自宜城前往京城，以后十年的时间中，只和十二郎见过三次面。当他正打算西归和十二郎永远生活在一起的时候，不幸十二郎就在这时死去了。韩愈知道了这消息，悲痛欲绝，写了一篇《祭十二郎文》，叫建中备了一些时下的物品从老远的地方去致祭他。这篇祭文，一字一泪，令人读来心酸。祭文中有“一在天之涯，一在地之角”的句子，后人便把它引伸成“天涯海角”这句话，用来比喻极其遥远的地方。

养生篇十五

原文

神仙之事，未可全诬；但性命在天，或难钟值①。人生居世，触途牵絷②；幼少之日，既有供养之勤；成立之年，便增妻孥③之累。衣食资须④，公私驱役⑤；而望遁迹山林，超然尘滓⑥，千万不遇一尔。加以金玉之费，炉器⑦所须，益非贫士所办。学如牛毛，成如麟角⑧。华山之下，白骨如莽⑨，何有可遂之理？考之内教⑩，纵使得仙，终当有死，不能出世⑪，不愿汝曹专精于此。若其爱养神明⑫，调护气息⑬，慎节起卧，均适寒暄⑭，禁忌食饮⑮，将饵⑯药物，遂其所禀⑰，不为夭折者，吾无间然⑱。诸药饵法，不废世务也。庾肩吾常服槐实⑲，年七十余，目看细字，须发犹黑。邺中朝士，有单服杏仁、枸杞、黄精、白术、车前⑳得益者甚多，不能一一说尔。吾尝患齿，摇动欲落，饮食热冷，皆苦疼痛。见《抱朴子》牢齿之法，早朝叩齿三百下为良；行之数日，即便平愈，今恒持之。此辈小术，无损于事，亦可修也。凡欲饵药，陶隐居㉑《太清方》中总录甚备，但须精审，不可轻脱。近有王爱州在邺学服松脂㉒不得节度，肠塞而死，为药所误者甚多。

注释

①钟值：相遇，碰上。

②触途：处处。絷（zhí）：本指用绳索绊住马足，引申为绊住。

③妻孥（nú）：妻子儿女。

④资：供给。须：须求。

⑤驱役：奔走役使。

⑥尘滓（zǐ）：尘埃，尘世。

⑦金玉之费：指修仙炼丹药时要耗费的黄金、玉、丹砂、云母等贵重物品。炉器：指烁丹炉。

⑧麟角：凤毛麟角，比喻珍贵稀少。

⑨华山：在陕西省西安附近。道教修仙烁丹要进深山，华山是他们最愿去的地方。白骨如莽：指修仙不成反为虎狼等所祸害，死在山下。莽：本指密生的草，此用来形容白骨之多。

⑩内教：即佛教，信佛的人称儒学为外学，佛学为内学，所以也称儒家为外教，佛教为内教，儒书为外典，佛书为内典。

⑪出世：宗教徒以人间世为俗世；脱离人世的束缚，称出世。

⑫神明：指人的精神、心思。

⑬调护气息：气息即呼吸，道教认为调节好呼吸可以延长生命以至不死，这当然是在妄想。

⑭晅（xuān）：暖。

⑮禁忌食饮：我国古代对饮食有种种禁忌，有的合乎科学，有的出于习惯并不科学。

⑯将：将养，调养。饵：食，服用。

⑰遂其所察：指顺着达到上天所赋予的自然年限。

⑱间然：找空子，抓毛病。无间然就是没有什么可批评的了。

⑲庾肩吾：字子慎，南朝梁人。曾任度支尚书，江州刺史。槐实：槐的果实，可入药。

⑳杏仁、枸杞、黄精、白术、车前均为中药名。

㉑陶隐居：即陶弘景。字通明，南朝时丹阳秣陵人。

㉒松脂：松树之树干所分泌的树脂。

译文

得道成仙的事情，不能说全是虚假，只是人的性命长短取决于天，很难说会碰上好运还是遭逢恶运。人在世一生，到处都有牵挂羁绊；少年时候，要尽供养侍奉父母的辛劳，成年以后，又增加养育妻子儿女的拖累。衣食供给需求，为公事、私事操劳奔波，而希望隐居于山林，超脱于尘世的人，千万人中遇不到一个。加上得道成仙之术，要耗费黄金宝玉，需要炉鼎器具，更不是贫士所能办到的。学道的人多如牛毛，成功的人稀如麟角。华山之下，白骨多如野草，哪里有顺心如愿的道理？再认真考查内教，即使能成仙，最后还是得死，无法摆脱人世间的羁绊而长生。我不愿意让你们专心致力于此事。如果是爱惜保养精神，调理护养气息，起居有规律，穿衣冷暖适当，饮食有节制，吃些补药滋养，顺着本来的天赋，保住元气，而不致夭折，这样，我也就没有什么可批评的了。

服用补药要得法，不要耽误了大事。庾肩吾常服用槐树的果实，到了七十多岁，眼睛还能看清小字，胡须头发还很黑。邺城的朝廷官员有人专门服用杏仁、枸杞、黄精、白术、车前，从中得到很多好处，不能一一例举。我曾患有牙疼病，牙齿松动快掉了，吃冷热的东西，都要疼痛受苦。看了《抱朴子》里固齿的方法，以早上起来就叩碰牙齿三百次为佳，我坚持了几天，牙就好了，现在还坚持这么做。这一类的小技巧，对别的事没有损害，也可以学学。凡是要服用补药，陶隐居的《太清方》中收录的很完备，但是必须精心挑选，不能轻率。最近有个叫王爱州的人，在邺城效仿别人服用松脂，没有节制，肠子堵塞而死。被药物伤害的人很多。

解题

颜氏在《养生篇》里主张保养身体，提出“生不可不惜，不可苟惜”，必要时为了利国保全家，应该不惜牺牲个人生命，这在今天看来也是可取的。

原文

夫养生者，先须虑祸①，全身保性，有此生然后养之，勿徒养其无生②也。单豹养于内而丧外，张毅③养于外而丧内，前贤所戒也。嵇康著《养身》之论，而以傲物④受刑，石崇冀服饵之征⑤，而以贪溺取祸，往事之所迷也。

夫生不可不惜，不可苟⑥惜。涉险畏之途，干祸难之事，贪欲以伤生，谗慝⑦而致死，此君子之所惜哉！行诚孝而见贼⑧，履仁义而得罪，丧身以全家，泯躯而济⑨国，君子不咎⑩也。自乱离已来，吾见名臣贤士，临难求生，终为不救，徒取窘⑪辱，令人愤懑⑫。……

注释

①养生：保养身心，以期保健延年。虑祸：预防祸患。

②无生：指不生存在世上。

③单豹：见于《庄子·达生》，说鲁国有个叫单豹的，善于养身，结果被饿虎吃掉；有个叫张毅的，会到处活动拉关系，结果害内热之病死掉。

④物：这里指人。

⑤石崇：西晋人，传见《晋书》。他一边服食药物以图延年，一边广积财物，结果人家钦羡他的财物，在政治斗争中把他杀害。服饵：指服食药物。征：有征验，有效。

⑥苟：苟且，只考虑目前利害而不讲原则道义。

⑦谗（chán）：说别人坏话。慝（tè）：起恶念。

⑧诚孝：应为“忠孝”，作“诚”是避隋文帝杨忠的名讳。贼：杀害。

⑨泯（mǐn）：灭。济：有利于。

⑩咎（jiù）：罪责，责怪。

⑪窘（jiǒng）：受到困迫。

⑫懑（mèn）：愤闷，气愤。

译文

养生的人首先应该考虑避免祸患，先要保住身家性命。有了这个生命，然后才得以保养它；不要白费心思地去保养不存在的所谓长生不老的生命。单豹这人很重视养生，但不去防备外界的饿虎伤害他，结果被饿虎吃掉；张毅这人很重视防备外来侵害，但死于内热病。这些都是前人留下的教训。嵇康写了《养生》的论著，但是由于傲慢无礼而遭杀头；石崇希望服药延年益寿，却因积财贪得无厌而遭杀害。这都是前代人的糊涂。

生命不能不珍惜，也不能苟且偷生。走上邪恶危险的道路，卷入祸难的事情，追求欲望的满足而丧身，进谗言，藏恶念而致死，君子应该珍惜生命，不应该做这些事。干忠孝的事而被害，做仁义的事而获罪，丧一身而保全家，丧一身而利国家，这些都是君子所不责怪的。自从梁朝乱离以来，我看到一些有名望的官吏和贤能的文士，面临危难，苟且求生。终于生既不能求得，还白白地遭致窘迫和污辱，真叫人愤懑。

阅读延伸

历代名人家训五：司马光“训俭示康”

吾本寒家，世以清白相承。…御孙（春秋时鲁国大夫）曰：‘俭，德之共也；侈，恶之大也。’…夫俭则寡欲。君子寡欲，则不役于物，可以直道而行；小人寡欲，则能谨身节用，远罪丰家。故曰：‘俭，德之共也。’侈则多欲。君子多欲，则贪慕富贵，枉道，速祸；小人多欲，则多求，妄用，丧身，败家。是以居官必贿，居乡必盗。故曰：‘侈，恶之大也。’

司马光勤学

司马光担任宋哲宗时期的宰相，曾经主编《资治通鉴》，是当时的名臣。他小时候，担心自己记忆能力比不上别人，在其他兄弟会背诵了之后，玩耍休息去了，他却独自苦读，等到能够熟练地背诵才停止。他自己说：“读书时下的力气多，收获就长远，我所精读和背诵过的书，就能终身不忘。”等到他长大之后，读遍了所有的古籍，知识渊博，记忆牢固。他说：“读书不能不背诵，有时骑马走路，有时半夜睡不着觉，吟咏读过的文章，思考它的意思，收获就多了。”

低调淡泊

司马光性情淡泊不喜奢华，他在《训俭示康》中曾提到小时候长辈会给他穿华美的衣服，他总是害羞脸红而把它脱下。宝元年间中举时，曾得到仁宗皇帝的接见。酒席宴会上，每人都在头上插满鲜花，肆无忌惮地嬉戏取乐，唯独司马光正襟危坐，也不戴花。同事提醒说：“戴花乃皇上之令也!”司马光才不太情愿地戴了一朵小花。

司马光有一个老仆，一直称呼他为“君实秀才”。一次，苏轼来到司马光府邸，听到仆人的称呼，不禁好笑，戏谑曰：“你家主人不是秀才，已经是宰相亦，大家都称为‘君实相公’!”老仆大吃一惊，以后见了司马光，都毕恭毕敬地尊称“君实相公”，并高兴地说：“幸得苏大学士教导我……”司马光跌足长叹：“我家这个老仆，活活被子瞻教坏了。”

归心篇十六

原文

……内外两教，本为一体，渐积①为异，深浅不同。内典初门，设五种禁②，外典仁、义、礼、智、信，皆与之符。仁者，不杀之禁也；义者，不盗之禁也；礼者，不邪之禁也；智者，不酒之禁也；信者，不妄③之禁也。至如畋狩军旅④，燕享⑤刑罚，因民之性，不可卒⑥除，就为之节，使不淫滥尔。归周、孔而背释宗⑦，何其迷也！

注释

①渐积：逐渐积累，积久。

②五禁：即五戒。《魏书·释老志》："又有五戒：去杀、盗、淫、妄言、饮酒。大意与仁、义、礼、智、信同，名为异耳。"

③不妄：不乱说假话。

④畋（tián）：打猎。狩（shòu）：也是打猎。军旅：本是军队，引申为作战打仗。

⑤燕享：同"宴飨"，古代帝王宴饮群臣。

⑥卒（cù）：同"猝"。

⑦释宗：佛教，因佛教创始者汉译为释迦牟尼，故以"释"指佛。

译文

内外两教佛教与儒家，本来互为一体，经过逐渐的演变，两者就有了差异，境界的深与浅有所不同。佛教经典的初学门径，设有五种禁戒；儒家经典中所强调的仁、义、礼、智、信这种德行，都与五禁相符合。仁，就是不杀生的禁戒；义，就是不偷盗的禁戒；礼，就是不邪恶的禁戒；智，就是不酗酒的禁戒；信，就是不虚妄的禁戒。至于像打猎、作战、宴饮、刑罚等，这些则是顺随人类的本性，不能急忙废除，只好就此加以节制，使它们不至于泛滥成灾。既然尊崇周公、孔子之道，为什么要违背佛教的教义呢？这是多么糊涂啊！

解题

颜之推是佛教信徒，这篇《归心》，就是讲人要归心于佛教，把为什么要信佛教的道理告诉儿孙后代。其中佛儒内外两教本为一体、和为佛教辩护的种种言论，体现出当时门阀士族的另一种精神面貌。

原文

释三曰："开辟已来①，不善人多而善人少，何由悉责其精洁②乎？见有名僧高行，弃而不说；若睹凡僧流俗，便生非毁。且学者之不勤，岂教者之为过？俗僧之学经律③，何异世人之学《诗》、《礼》？以《诗》、《礼》之教，格④朝廷之人，略无全行者；以经律之禁，格出家之辈，而独责无犯哉？且阙行之臣，犹求禄位；毁禁之侣，何惭供养⑤乎？其于戒行，自当有犯。一披法服⑥，已堕僧数，岁中所计，斋讲诵持⑦，比诸白衣⑧，犹不啻山海⑨也。

注释

①开辟已来：我国古代有盘古开天辟地的神话。开辟已来就是指有天地以来。

②精洁：纯净无杂质。

③经律：佛教徒把记述佛的言论的书叫做经，把记述戒律的书叫做律。

④格：度量。

⑤供养：佛教徒不从事生产，靠人家提供食物，叫供养。

⑥法服：佛教徒在举行仪式时穿的法衣。

⑦斋：汉族佛教徒的持斋，即素食不吃肉。讲：讲经，解说佛经。诵：诵经，读佛经。持：持名，念佛号。

⑧白衣：南北朝时中国佛教徒穿缁（zī）衣，即黑衣，教外在家的世

俗人家穿白衣。因此常以“白衣”代称世俗之人。

⑨啻（chì）：但只，仅。山海：山高海深，此用来说佛教徒的德行总比白衣高深。

译文

对于第三种指责，我解释如下：开天辟地有了人类以来，就是坏人多而好人少，怎么可以要求每一个僧尼都是清白的好人呢？看见名僧高尚的德行，都放在一旁不说，只要见到了凡庸僧人伤风败俗，就指责非议谤毁。况且，接受教育的人不勤勉，难道是教育者的过错？凡庸僧尼学习佛经，又跟士人学习《诗经》、《礼记》有什么两样？用《诗经》、《礼记》中所要求的标准去衡量朝廷中的大官员，大概没有几个是符合标准的。用佛经的戒律衡量出家人，怎么能唯独要求他们不能违犯戒律呢？品德很差的官员，还依然能获取高官厚禄，犯了禁律的僧尼，坐享供养又有什么可惭愧的呢？对于所规定的行为规范，人们自然会偶尔违反。出家人一披上法衣，一年到头吃斋念佛，与世俗之人的修养相比，其高低的程度远胜过高山与深海的差距。

原文

……形体虽死，精神犹存。人生在世，望于后身[①]似不相属；及其殁后，则与前身似犹老少朝夕耳。世有魂神[②]，示现梦想[③]，或降童妾，或感妻孥，求索饮食，征须福祐[④]，亦为不少矣。今人贫贱疾苦，莫不怨尤前世不修功业[⑤]。以此而论，安可不为之作地[⑥]乎？夫有子孙，自是天地间一苍生[⑦]耳，何预身事，而乃爱护，遗其基址[⑧]。况于己之神爽[⑨]，顿欲弃之哉？凡夫蒙蔽，不见未来，故言彼生与今非一体耳……

注释

①后身：佛教认为人死要转生，所以有前身、后身的说法。

②魂神：此指死者的灵魂。

③示现梦想：说灵魂出现于生者的梦中，即所谓鬼来托梦。

④征须：征求需索。福祐：这里指向生存者求作佛事以福祐鬼魂。

⑤功业：指佛教的所谓功德。

⑥作地：为他后身留余地步。

⑦苍生：百姓。

⑧基址：基业、产业。

⑨神爽：精神，灵魂。

【译文】

人的形体虽然死去，精神依然存在。人活在这个世界上，远望死后的事，似乎生前与死后毫不相干，等到死后，你的灵魂与你前身之间的关系，就像老人与小孩、早晨与晚上一般关系密切。世上有死者的灵魂，会在活人梦中出现，有的托梦给仆童、小妾，有的托梦给妻子、儿女，向他们讨求饮食，乞求福祐而得到应验的事，也是不少了。现在有人看到自己一辈子贫贱痛苦，无不怨恨前世没有修好功德的。从这一点来说，生前怎么能不为来世的灵魂开辟一片安乐之地呢？至于人有子孙，他们只不过是天地间一个百姓而已，跟我自身有什么相干？尚且要尽心加以爱护，将家业留给他们。何况对于自己的灵魂，怎能轻易舍弃不顾呢？凡夫俗子愚昧无知，无法预见来世，所以就说来生和今生不是一体。

原文

世有痴人，不识仁义，不知富贵并由天命。为子娶妇，恨其生资不足，倚作舅姑之尊，蛇虺①其性，毒口加诬，不识忌讳，骂辱妇之父母，却成教妇不孝己身，不顾他恨。但怜已之子女，不爱己之儿妇。如此之人，阴纪其过②，鬼夺其算。慎不可与为邻，何况交结乎？避之哉！

注释

①蛇虺：虺（huǐ），古书上说的一种毒蛇。

②阴纪其过：意即阴曹地府会将他的罪过记录下来。

译文

世上有一种痴人，不懂得仁义，也不知道富贵皆由天命。为儿子娶媳妇，恨媳妇的嫁妆太少，仗着自己当公婆的尊贵身份，怀着毒蛇般的心性，对媳妇恶意辱骂，不懂得忌讳，甚至谩骂侮辱媳妇的父母，这反而是教媳妇不孝自己，也不顾她的怨恨。只知道疼爱自己的子女，不知道爱护自己的儿媳。像这种人，阴间地府会把他的罪过记录下来，鬼神也会减掉他的寿命。千万不可与这种人为邻居，更何况与这种人交朋友呢？还是躲他远点吧！

阅读延伸

历代名人家训六：朱熹“与长子受之”

早晚受业请益，随众例不得怠慢。日间思索，有疑用册子随手扎记，候见质问，不得放过。所闻诲语，归安下处，思省切要之言，逐日扎记，归日要看。见好文字，录取归来。…不得擅自出入。…不得饮酒荒思废业。…交游之间，尤当审择。…见人嘉言善行，则敬慕而记录之。

朱熹劝学

历史上曾有不少名人写了各具特色的劝学诗，但朱熹的一篇劝学诗是在一个特定的环境中写成的。

相传朱熹年老时，散步到一所学校。当时正是秋天，当他看到梧桐黄叶随风飘落，不禁感慨万千，想到自己头发已经白了，自言自语地说：“光阴似箭，岁月如流啊！”这时忽然看见一群青少年离室在外打闹戏耍，他深深感到，年轻人不懂得珍惜时间，只有过来人才知道时间宝贵，特别是白发苍苍的人更有惜时如金之感，于是诗兴油然而生，低头思索片刻吟道：

少年易老学难成，一寸光阴不可轻。

未觉池塘春草绿，阶前梧叶已秋声。

吟完诗后，到学堂里将此诗写在书桌上，希望那些不知道珍惜时间的青少年看到诗后，能够珍惜光阴。据传这些年轻人看到诗后，确实受到启发，又见是名人朱熹所作，争相传抄，学习也更加勤奋了。

朱熹谈格物致知

朱熹把从周敦颐、二程（程颢、程颐）到杨时一脉相承传授下来的学问作了一次集大成的总结。他在宋高宗绍兴十八年中进士，之后有意模仿孔子，边做官边教授门下弟子。

宋孝宗即位后，很想有一番作为。为改变半壁江山、积贫积弱的局面，他平反了岳飞的冤狱，追封岳飞为王，并下诏广开言路，要天下的读书人直言不讳，指出朝政弊端，规划恢复中原的大业。朱熹因此上书，坚决主张抗金建国。并认为要完成光复大业，必须请皇帝先完成自己的修养。

弟子问："先生在上书中所说皇帝的修养，有什么特点?"朱熹道："皇帝的修养当然不同于一般人，但有一点是共同的，你们也应该做到，就是要先做格物致知的功夫。从宇宙之大到昆虫之微，都要清楚地看到大义的存在，才能够面对这个世界，来规划自己的事业。"

弟子说："格物致知，不就是二程先生和龟山先生传下来的道理吗?可是格物是什么，致知是什么，两者哪个在先哪个在后，我都不清楚。"朱熹道："大程明道先生（程颢）说'格'就是到；'致'就是得。致知在格物，意思是先用心思到具体的物，然后才能得到知识学问。因此格物在先，致知在后。但若是探究大道并把它落实到物上，那就更可以穷尽大道的奥妙。"

弟子问："先生的话我懂了，但是可格的事物千姿百态，种类无限，所要致的知也要有那么多吗?"朱熹道："却不是的。小程伊川先生（程颐）说认为'万物皆备于我'，是因为人生本来有良知良能，可以与万物相当。天地有个心，人也有个心，天地之心和人的心其实是一个东西。如今天格上一物，到达天地之心而落实到自己的良知良能；明天又格上一物，到达天地之心而落实到自己的良知良能。时间长了，格的物多了，自己的良知良能就可以大部分甚至全部被开发出来，到了那个时候，就得到了知。"

弟子说："听了先生一番教导，我明白了格物致知原来是一种极大的功夫，只格一物、二物是得不到真知的。"朱熹说："不错，但物总得一个个地格。杨龟山先生说：‘学习开始于致知的愿望，完成于得知的成果，致知的手段是格物。天下的物，多得格不胜格，一个人的精力有限，不可能遍格万物。因此他格物的时候，绝不能让心思随物流动到十万八千里之外；要随时内向反省，才能越来越明白心里的良知而做到万物皆备于我’。”

弟子问：“致知就是致良知，我懂了。但是天下有千万人，每个人有一个良知。若是人人格物致知，得到良知，这良知不太多了吗？会不会引起争论和混乱呢？”朱熹道：“千万人有千万心，千万心所不同的，是它们的欲望；至于被这些欲望包在里面的良知，人人都是一样的，就是个‘仁字’。因为天地、日月、宇宙都只是一个，它的大道也只有一个，这个大道到人的心里，就是个‘仁’。所以通过格物致知逐步除去蒙在心上的人欲，‘仁’就是良知自然会显露出来。”

弟子听了朱熹的话，仍然有些不明白，见案头上有一方新砚台，就请先生以砚台为例，做一次格物致知的示范。朱熹笑着说：“好，就来格这个砚台。”他拿起砚台反转过来叫弟子看：只见磨得镜面一样平的砚台底上有一个大螺壳印子。弟子奇怪地问：“这样大的螺，一定是生活在海里的，怎么钻进石头里去了呢？”朱熹道：“这就是了。砚石是从山上采来的，说明这山千万年前曾经是海底。这螺儿活着的时候，钻在海底的泥土里；海底上升变成山，泥土干硬变成石头，这螺不就到石头里了吗？到此我们格物的功夫算是完成了，然后来致知：既然山、海那样看起来永恒的巨物，都可以互相变化；那么世界上还有什么不能变的？所以，《诗经》里说‘天命无常’。这个无常的天命感动到人的内心，就使人常处忧患，兢兢业业，小心翼翼，认真对待周围的一切，这就悟出了个‘敬’字，进入了良知‘仁’的境界。”弟子感谢说：“先生的意思，我理解了，要是人人都能像先生那样下功夫修养，天下还愁不太平吗？”

书证篇十七

原文

太公《六韬》[1]，有天陈、地陈、人陈、云鸟之陈。《论语》曰[2]：“卫灵公[3]问陈于孔子。”《左传》：“为鱼丽[4]之陈。”俗本多作“阜”旁[5]车乘之“车”。案诸陈队，并作陈、郑[6]之“陈”。夫行陈之义，取于陈列耳，此“六书”[7]为假借也。《苍》、《雅》[8]及近世字书，皆无别字，唯王羲之《小学章》独“阜”旁作“车”。纵复俗行，不宜追改《六韬》、《论语》、《左传》也。

注释

①《六韬（tāo）》：我国古代兵书，相传是西周初年吕望即姜太公所作，其实应是战国时人依托于他的作品。《隋书·经籍志》：“太公《六韬》五卷《文韬》《武韬》《龙韬》《虎韬》《豹韬》《犬韬》。”

②《论语》曰：见于《论语·卫灵公》。

③卫灵公：春秋后期卫国的国君，他曾向孔子请教战陈之事。

④《左传》：这见于《左传·桓公五年》。鱼丽是当时战陈的名称。

⑤“阜”旁：即过去左边偏旁“阝”。

⑥陈、郑：春秋时期诸侯国名，陈的都城宛丘即今河南淮阳，郑的都城新郑即今河南新郑。

⑦六书：古人分析汉字造字的理论，即把汉字的结构分析为象形、指事、会意、形声、转注、假借六种类型，叫“六书”。

⑧《苍》《雅》：《苍颉篇》和《尔雅》，西汉后期出现的字书和训诂书，前者《仓颉篇》久已失传。

译文

姜太公的《六韬》里，说到天陈、地陈、人陈、云鸟之陈。《论语·卫灵公》里说："卫灵公问陈于孔子。"《左传·桓公五年》里有"为鱼丽之陈"的话。一般的流传俗本大多数是将以上几个"陈"字，写作"阝"偏旁加上"车乘"的"车"即"阵"字。据考查，表示各种军队陈列队伍的"陈"，都写作"陈、郑"的"陈"字。所以叫行陈，是取义于陈列，将"陈"写作"阵"，这在六书中属于假借法。《苍颉篇》、《尔雅》和近代的字书，

"陈"都没有写成别的字，只有王羲之的《小学章》是将"陈"字写作"阝"旁加上"车"字，成了"阵"字。即使今人流俗通行这种写法，也不该反过来改动《六韬》、《论语》、《左传》等古书。

解题

这篇《书证》，是颜之推对经、史文章等所作的零星考证，一共有四十七条，汇集成为《家训》中文字最长的一篇。其中多数考证表明他在文献、训诂等学问上确有较高的水平，对今天研究这些学问的专家特别有参考价值；其他读者也可学习颜氏的严谨治学精神。

原文

"也"是语已及助句①之辞，文籍备有之矣。河北经、传②，悉略此字。其间字有不可得无者。至如"伯也执殳"③，"于旅也语"④，"回也屡空"⑤，"风，风也，教也"⑥，及《诗传》⑦云"不戢，戢也；不傩⑧，傩也"，"不多。多也"如斯之类，傥削此文，颇成废阙⑨。《诗》言："青青子衿"⑩，《传》曰："青衿，青领也，学子之服。"按古者斜领下连于衿，故谓领为衿，孙炎、郭璞⑪注《尔雅》，曹大家注《列女传》⑫，并云："衿，交领⑬也。"邺下《诗》本⑭既无"也"字，群儒因谬说云："青衿、青领，是衣两处之名，皆以青为饰。"用释"青青"⑮二字，其失大矣。又有俗学⑯，闻经、传中时须"也"字，辄以意加之，每不得所，益成可笑。

注释

①语已：即语尾，一句话说完。助句：语助词。

②河北：黄河下游的河北广大地区，也就是南北朝时北方的统治中心地区，当时通行的经、传和江南通行的在文字上有些出入。经传：儒家典籍经与传的统称。

③伯也执殳（shū）：见《诗·卫风·伯兮》，说伯拿着殳，殳是古人撞击用的长柄兵器。伯：指兄弟排行，伯为老大。

④于旅也语：见《仪礼·乡射礼》，说乡射礼毕后才可以言语。

⑤回也屡空：见《论语·先进》。空是匮乏，贫穷。回：指颜回，孔子学生。

⑥风，风也，教也：第一个“风”，指《诗经》的十五《国风》；第二个“风”字读去声，通“讽”，劝告的意思。

⑦《诗传》：《诗》的毛氏传。

⑧戢：收藏。傩：今本作“难”。

⑨废阙：缺漏，此指句子不完整。

⑩衿（jīn）：衣的交领。又指古代读书人穿的衣服。

⑪孙炎：三国时曹魏人，曾注《尔雅》，久已失传。郭璞：西晋人，今通行的《尔雅》就是他的注本。

⑫曹大家（gū）：东汉时史学家班固之妹班昭，有才学，曾续成班固未写完的《汉书》，并是汉和帝的皇后的老师，因为她的丈夫姓曹，人们称他曹大家。这里“家”字通“姑”，也就是曹大姑。《列女传》：西汉刘向编辑的古代妇女的事迹，多数在当时是认为好的，也有少数算是坏的，后人还有所增补，书今存，但班昭的注久已失传。

⑬交领：古代交叠于胸前的衣领。

⑭邺下《诗》本：即前面所说的河北本。

⑮“青青”：指“青青子衿”的“青青”，认为一个“青”指“青衿”，一个“青”指“青领”。

⑯俗学：世俗流行之学。此指盲从世俗流行之学的人。

译文

“也”字是用在语句末尾做语气词或在句中做助词，文章典籍常用这个字。北方的经书传本中大都省略“也”字，而其中有的“也”字是不能省略的，比如像“伯也执殳”，“于旅也语”，“回也屡空”，“风，风也，教也，”以及《毛诗传》说：“不戢，戢也；不傩，傩也。”“不多，多也。”诸如此类的句子，倘若省略了“也”字，就成了废文缺文了。《诗·郑风·子衿》有“青青子衿”之句，《毛诗传》解释说：“青衿，青领也，学子之服。”据考证：在古代，斜的领子下面连着衣襟，所以将领子称作“衿”。孙炎、郭璞注解《尔雅》、曹大家班昭注解《列女传》，都说：“衿，交领也。”邺下的《诗经》传本，就没有“也”字，许多儒生因而错误地认为“青衿，青领，是指衣服的两个部分的名称，都用‘青’字来形容。”这样理解“青青”两个字，实际上是大错特错。还有一些平庸的学子，听说《诗经》传注中常要补上“也”字，就随意添补，常常补充的不是地方，实在是可笑。

原文

《后汉书》①：“酷吏樊晔为天水②太守，凉州③为之歌曰：‘宁见乳虎穴，不入冀府寺④，”而江南书本“穴”皆误作“六”，学士因循，迷而不寤⑤。夫虎豹穴居，事之较⑥者，所以班超云⑦：“不探虎穴，安得虎子？”宁当论其六七耶？

注释

①《后汉书》：此见于《后汉书·樊晔传》。

②天水：汉代的郡，治所冀县在今甘肃天水西北。

③凉州：东汉时的州，天水郡在其境内，治所陇县即今甘肃张家川回族自治县。

④乳虎：正在哺乳的母虎，性情特别凶猛。冀府寺：在天水郡治所冀县的太府官署。府寺：官员办公的官署。

⑤寤：通“悟”。

⑥较：彰明较著，很明显。

⑦班超云：这见于《后汉书·班超传》。

译文

《后汉书·酷吏传》记载："酷吏樊晔为天水郡太守，凉州人给他编了首歌说：'宁见乳虎穴，不入冀府寺。'"江南的《后汉书》底本和副本，都将"穴"字误写成"六"字，有些学者沿袭了这个错误，而不觉察。其实，虎豹住在洞穴中，这是很明显的事情，所以班超说："不探虎穴，安得虎子？"怎么会去计量乳虎是六个还是七个呢？

原文

客有难主人曰："今之经典，子皆谓非，《说文》所言，子皆云是，然则许慎胜孔子乎？"主人拊掌大笑，应之曰："今之经典，皆孔子手迹耶？"客曰："今之《说文》，皆许慎手迹乎？"答曰："许慎检以六文①，贯以部分②，使不得误，误则觉之。孔子存其义而不论其文也。先儒尚得改文从意，何况书写流传耶？必如《左传》止戈为武，反正为乏，皿虫为蛊，亥有二首六身之类，后人自不得辄改也，安敢以《说文》校其是非哉？且余亦不专以《说文》为是也，其有援引经传，与今乖者，未之敢从。又相如《封禅书》曰：'导一茎六穗于庖，牺双觡共抵之兽③，此导训择④，光武诏云：'非徒有豫养导择之劳，是也。而《说文》云：'禾是禾名。'引《封禅书》为证；无妨自当有禾名禾，非相如所用也。'禾一茎六穗于庖，'岂成文乎？纵使相如天才鄙拙，强为此语，则下句当云'麟双觡共抵之兽，'不得云牺也。吾尝笑许纯儒⑤，不达文章之体，如此之流，不足凭信，大抵服⑥其为书，隐括⑦有条例，剖析穷根源，郑玄注书，往往引以为证；若不信其说，则冥冥不知一点一画，有何意焉。"

注释

①六文：即六书。古人分析汉字的造字方法而归纳出来的六种条例，即象形、指事、会意、形声、转注、假借。

②部分：指许慎在《说文解字》中首创的部首编排法。

③导：通选择。庖：厨房。牺：宗庙祭祀的牲畜。觡：骨角。抵：本，指角的底部。

④导择：二字连文为义，即选择的意思。

⑤纯儒：纯粹的儒者。这里指专于文字训诂。

⑥大抵：表示总括一般情况。服：佩服。

⑦隐括：也作隐栝，矫正竹木弯曲的器具。引申为修改、订正之意。

译文

有位客人责难我说："现在经典中对文字的解释，你认为有很多错误，而《说文解字》对文字的解释，你认为都是正确的，这样的话，那么许慎比孔子高明吗？"我拍掌大笑，回答说："现在的经典都是孔子的手迹吗？"客人反问道："现在的《说文解字》都是许慎的手迹吗？"我回答说："许慎根据六书来分析字形解释字义，将文字按部首分类，使文字的形、音、义准确无误，即使错了的，也能准确发现错在何处。孔子校订经书，只保存经文的大义宗旨，而不推究文字。以前的学者尚且还用改变字形的办法来附会文意，至于流传抄写过程中的错误就更多了。除非像《左传》中认为武字是由'止''戈'组成，'正'字反过来就是'乏'，'蛊'字是由'皿''虫'组成，'亥'字是由'二'和'六'组成，像这样对文字的分析解释，后人已无法随意改变，又怎么敢用《说文解字》去考订这种说法的是非呢？同时，我也不认为《说文解字》是完全正确的，书中引用的典籍原文，如果与现在通行的典籍有出入，我也不敢盲从。例如：司马相如的《封禅书》说：'导一茎六穗于庖，牺双觡觡共抵之兽。'这句话中的'导'是选择的意思，光武帝下诏书说：'非徒有豫养导泽之劳。'其中的'导'字也是选择的意思。而《说文解字》却解释说：'是禾名'。并且引用了《封禅书》作为例证；也许有一种谷物名叫'䆃'，但并不是司马相如《封禅书》中的'导'字。如果按照许慎的理解，'禾一茎六穗于庖'难道还成为一句话吗？即使司马相如天生愚蠢，生硬地写出这句话，那么下句就不应该是'牺双觡共抵之兽'，而应该是'麟双觡共抵之兽'，以此求得上下句词义、词性的对应。我曾经笑话许慎是个纯粹的书生不了解文章的体裁，像这一类的引证，就不足以遵从信服。我大致信服《说文解字》对文字的解说。书中将文字按部首排列，分析字的形体，探求，字的本义，郑玄注释经书，常常引证《说文解字》作为论据；如果不相信许慎的学说，就稀里糊涂，不知道一点一划有什么意义。”

阅读延伸

历代名人家训七：曾国藩“谕纪鸿”

凡富贵功名，皆有命定，半有人力，半有天事。惟学作圣贤，全由自己作主，不与天命相干涉。…读书之法，看、读、写、作，四者每日不可缺一。至于作人之道，圣贤千言万语，大抵不外‘敬恕’二字。

曾国藩教子

曾国藩是清末湘军首领。他权管四省，位列三公，拜相封侯，谥称“文正”。他的儿子可算得上是“正牌高干子弟”了。然而，儿子曾纪泽和曾纪鸿都没有变成“衙内”和“大少爷”。曾纪泽诗文书画俱佳，又以自学通英文，成为清朝的著名外交家；曾纪鸿不幸早死，研究古算学亦取得相当成就。不仅儿子个个成才，孙辈还出了曾广均这样的诗人。曾孙辈又出了曾宝荪、曾约农这样的教育家和学者。这是什么原因呢？原因就在于曾国藩教子有方，“爱之以其道”。

别的不说，只他不为子女谋求任何特殊化，教儿节俭创业，就可令人们深思一番。

咸丰六年（1856）十一月五日，他给儿子纪泽写了一封信。信中说：“世家子弟，最易犯一奢字、一傲字。不必锦衣玉食而后谓之奢也，但使皮袍呢褂俯拾即是，与马仆从习惯为常。此即日趋于奢矣，见乡人则嗤其朴陋，见雇工则颐指气使，此即日习于傲矣。……京师子弟之坏，未有不由于骄奢二字者，尔与诸弟其戒之，至嘱，至嘱。”

同治元年五月二十七日又给儿子纪鸿写信说：“凡世家子弟，衣食起居，无一不与寒士相同，庶可以成大器；若沾染富贵气习，则难望有成。”

同治三年七月，曾国藩受封侯爵，纪鸿正赴长沙考试，曾国藩特别写信告诫："尔在外以谦谨二字为主，世家子弟，门第过盛，万目所属。……场前不可与州县往来，不可送条子，进身自始，务知自重。"

他对女儿也同样严格。咸丰十一年八月二十四日致女儿："衣服不宜多制，尤其不宜大镶大缘，过于绚烂。"

他还告诉儿女、家眷："今家中境地虽渐宽裕，且有福不可享尽，有势不可使尽。勤字工夫，第一贵早起，第二贵有恒。俭字工夫，第一莫着华丽衣服，第二莫多用仆婢雇工……只要人肯立志，都可以做得到的。"

他还要求："吾家男子于看、读、写、作四字缺一不可。女子于衣、食、粗、细四字缺一不可。家勤则兴，人勤则健；能勤能俭，永不贫贱。"

音辞篇十八

原文

……南方水土和柔，其音清举而切诣[①]，失在浮浅，其辞多鄙俗；北方山川深厚，其音沉浊而𫓧钝[②]，得其质直[③]，其辞多古语。然冠冕君子，南方为优；闾里[④]小人，北方为愈。易服而与之谈，南方士庶，数言可辩[⑤]；隔垣而听其语，北方朝野，终日难分。而南染吴越[⑥]，北杂夷虏[⑦]，皆有深弊，不可具论。……

注释

①切诣（yì）：切至，真切。一说谓发音迅急。

②𫓧（è）：圆。钝：浑厚，不尖锐。

③质直：质朴率直。

④闾（lǘ）里：乡里。闾是先秦时乡以下的居民组织。

⑤辩：通“辨”。

⑥吴越：此指吴语地区而言。本是先秦时的诸侯国，吴的都城在今江苏省苏州，越的都城会稽在今浙江绍兴，都处在长江下游三角洲，这里是所谓吴语地区，和北方的正统汉语在语音上至今仍有很大出入。

⑦夷虏：南北朝时黄河流域有大量匈奴、鲜卑等少数民族入居，也学汉语，他们这种汉语难免夹杂进他们本民族的语言。

译文

……南方水土柔和，语音清亮高昂而且真切，不足之处在于发音浅而浮，言辞多浅陋粗俗；北方地形山高水深，语音低沉浊重而且圆钝，长处是质朴直率，言辞多留着许多古语。就士大夫的言谈水平而论，南方高于北方；从平民百姓的说话水平来看，北方胜过南方。让南方的士大夫与平民换穿衣服，只须谈上几句话，就可以辨别出他们的身份；隔墙听人交谈，北方的士大夫与平民言谈水平的差别很小，听一天也分辨不清他们的身份。但是南方话沾染吴语、越语的音调，北方话夹杂进外族的语言，二者都存在很大的弊病，这里不能详细论述。……

解题

我国历史悠久，地域广阔，因而古今的语音有变化，南北人群的语音有异同。颜之推写这篇《音辞》，就是讨论研究经、史中某些文字的读音问题。

它本来可以放在前一篇《书证》中来讲的，可能是因为《书证》内容太多了，所以才把这些有关读音的内容独立成一篇。这里酌译一二段落。

原文

“甫”者，男子之美称。古书多假借为“父”字，北人遂无一人呼为“甫”者，亦所未喻。唯管仲、范增①之号，须依字读耳。

“邪”者，未定之词。

《左传》②曰：“不知天之弃鲁邪？抑鲁君有罪于鬼神邪？”《庄子》③云：“天邪？地邪？”《汉书》④云：“是邪？非邪？”之类是也。而北人即呼为“也”，亦为误矣。难者曰：“《系辞》⑤云：‘乾坤，《易》之门户邪？’此又为未定辞乎？”答曰：“何为不尔，上先标问，下方列德以折⑥之耳。”

注释

①管仲：是春秋时政治家，传见《史记》，他辅佐齐桓公成其霸业，齐桓公尊称他为仲父。范增是秦末政治家，辅佐项羽，项羽尊称他为亚父，这两个“父”字都得仍读为“父”而不能读为“甫”。

②《左传》曰：这见于《左传·昭公二十六年》。

③《庄子》曰：这应见于《庄子·大宗师》，但今本都作“父邪？母邪？”可能是颜之推记忆错误。

④《汉书》云：这见于《汉书·李延年传》。

⑤《系辞》云：这见于《易·系辞下》。

⑥标问：即提出问题。这里是说上面先提出“乾坤，《易》之门户邪”这个问题，下面讲“乾，阳物也；坤，阴物也。阴阳合德，而刚柔有体”来回答这个问题。折：就是判断。

译文

“甫”是男子的美称，古书多通假为“父”字；北方人都依本字而读，没有一个人将“父”读作“甫”，这是因为他们不明白二者的通假关系。管仲号仲父，范增号亚父，只有像这种情况，“父”字应该依本字而读。

“邪”是表示疑问的语气词。《左传》说：“不知天之弃鲁邪？抑鲁君有罪于鬼神邪？”《庄子》上说：“天邪？地邪？”《汉书》上说：“是邪？非邪？”这类句子就是这样。而北方人却把“邪”字读作“也”，这也是错误的。有人质问我说：“《系辞》上说：‘乾坤，易之门户邪？’这个‘邪’字难道又是疑问语气词吗？”我回答说：“怎么不是啊！前面先提出问题，后面才列举事实乾坤之德来下判断回答它。”

原文

古人云①：“膏粱难整②。”以其为骄奢自足，不能克励也。吾见王侯外戚③，语多不正，亦由内染贱保傅④，外无良师友故耳。……

注释

①古人云：见于《国语·晋语七》。

②膏粱：本是指油脂的上等粮食，引申为吃膏粱的富贵人。整：正。

③外戚：皇帝的母族和妻族都叫外戚。

④染：受影响。保傅：此指富贵人家里专门伺候管教孩子的人。

译文

古人说过：“整天享用精美食物的人，很难有品行端正的。”这是因为他们骄横奢侈，自我满足，而不能克制勉励自己。我见到的王侯外戚，语音多不纯正，这也是由于在内受到低贱保傅的影响，在外又没有良师益友的帮助的缘故。

杂艺篇十九

原文

真草[1]书迹，微须留意。江南谚云：“尺牍书疏[2]，千里面目[3]也。”承晋宋余俗，相与事之，故无顿狼狈[4]者。吾幼承门业[5]，加性爱重，所见法书[6]亦多，而玩习功夫颇至，遂不能佳者，良[7]由无分故也。然而此艺不须过精。夫巧者劳而智者忧，常为人所役使，更觉为累。韦仲将[8]遗戒，深有以也。

注释

①真草：汉语字体先有甲骨文、金文，以后有小篆、隶书，隶书经南北朝到隋唐形成今天的所谓楷书即正书、真书。颜之推在这里说的“真”，是刚形成还多少留有隶书痕迹的真书。另外在东汉后期又从隶书演化出草书，开始还带有隶书的笔法，叫草隶或章草，到南北朝后期又出现完全脱离隶书的今草。这里所说的“草”，应兼指章草、今草。

②尺牍：书信，在使用纸以前我国用木简即牍写信，通常一尺长，所以叫“尺牍”。书疏：也是书信，疏是分条陈达的意思。

③千里面目：千里之外可以看到人的面目。

④顿：顿时，急促中。狼狈：困顿窘迫的样子。

⑤门业：家门素业。指士族世代相承的事业。

⑥法书：可以作为法则以供学习的字，引申为高水平的字。

⑦良：真，确实。

⑧韦仲将：三国曹魏时书法家韦诞，字仲将，魏明帝盖了宫殿，叫他用梯子爬上去在殿榜上题字，据说他吓得头发都白了，于是告诫儿孙不要再成为书法家，见《世说新语·巧艺》。

译文

对于真书、草书等书法技艺，是要微加留意的。江南俗谚说：“一尺书信，千里相见；一手好字，人的脸面。”今人继承了东晋刘宋以来的习俗，都在这书法上用功学习，因此从没有在匆忙中弄得狼狈不堪的。我小时候受到家庭影响，加上本身也很爱好书法，所见到的书法字帖很多，而且临帖摹写也颇下功夫，可就是不能达到很高的造诣，确实是由于缺少天分的原因。然而这门技艺没必要学得太精深。否则就要能者多劳，智者多忧，常被人家役使，更感到累赘。魏代书法家韦仲将给儿孙留下“不要学书法”的训诫，是很有道理的。

解题

杂艺，在此是指士大夫们除了经、史、文章以外的其他技艺。《杂艺篇》里讲到的有书法、绘画、射箭、算术、医学、弹琴，在今天看来仍是健康有益的，所以都选译了。还有卜筮是迷信活动；六博、投壶在唐宋以后就再没有人会玩；讲下围棋的文字又太少，就都舍弃不入选了。

原文

王逸少风流①才士，萧散②名人，举世唯知其书，翻以能自蔽也。萧子云每叹曰：“吾著《齐书》③，勒成一典④，文章弘义，自谓可观，唯以笔迹得名，亦异事也。”王褒地胄⑤清华，才学优敏，后虽入关⑥，亦被礼遇，犹以书工，崎岖碑碣⑦之间，辛苦笔砚之役⑧，尝悔恨曰：“假使吾不知书，可不至今日邪?”以此观之，慎勿以书自命⑨。虽然，厮猥之人⑩，以能书拔擢⑪者多矣。故“道不同不相为谋”⑫也。

注释

①王逸少：东晋王羲之，字逸少，大书法家，传见《晋书》。因为他做过右军将军，人们又称他王右军。风流：这里指英俊的、杰出的。

②萧散：洒脱，不受拘束。

③《齐书》：南朝萧梁的萧子显撰写过南齐的《齐书》，而萧子云撰写

的是《晋书》，见《梁书·萧子恪传》，颜氏记错了。

④勒：此是编写的意思。典：典要，纪传体断代史书是一个朝代的典要。

⑤地胄：地位。胄是后裔帝王，专指帝王显贵的后裔。

⑥入关：此指江陵被北周攻占后南朝的文士迁入关中，颜之推也是这次进入关中的。

⑦书工：擅长书法。崎岖：此指处境困难、困顿。碑碣：这里是碑和墓志等石刻文字的通称。

⑧役：事情。

⑨慎勿：切莫。自命：自以为了不起。

⑩厮猥之人：指地位低下的人。

⑪拔擢：选拔提升。

⑫道不同不相为谋：意思是信仰准则不一样就说不到一起。见于《论语·卫灵公》。

译文

王羲之是位风流才子，潇洒散淡的名人，所有的人都只知道他的书法，而其他方面特长反而都被掩盖了。萧子云常常感叹说："我撰写了《齐书》刻印成一部典藉，书中的文章弘扬大义，我自以为很值得一看，可是到头来却只是因抄写得精妙，靠书法使我出了名，也真是怪事。"

王褒出身高贵门第，才华横溢，文思敏捷，后来虽然到了北周，也依然得到礼遇。因为擅长书法，他常为人书写，困顿于碑碣之间，辛苦于笔砚之役，他曾后悔说："假如我不会书法，可能不至于像今天这样劳碌吧?"由此看来，千万不要以精通书法而自命不凡。话虽如此，地位低下的人，因写得一手好字而被提拔的事例很多。所以说：道业不同的人，是不能互相谋划的。

原文

梁氏秘阁①散逸以来，吾见二王②真草多矣，家中尝得十卷③，方知陶隐居、阮交州、萧祭酒④诸书，莫不得羲之之体，故是书之渊源⑤。萧晚节⑥所变，乃右军年少时法也。

晋宋以来，多能书者，故其时俗，递相染尚⑦，所有部帙，楷正⑧可观，不无俗字，非为大损。至梁天监⑨之间，斯风未变。大同⑩之末，讹替滋⑪生，萧子云改易字体，邵陵王颇行伪字⑫，朝野翕然⑬，以为楷式，画虎不成⑭，多所伤败。至为一字，唯见数点，或妄斟酌⑮，逐便转移。尔后坟籍⑯，略不可看。北朝丧乱之余，书迹鄙陋，加以专辄⑰造字，猥拙甚于江南，乃以"百""念"为"忧"⑱，"言""反"为"变"⑲，"不""用"为"罢"⑳，"追""来"为"归"㉑，"更""生"为"苏"㉒，"先""人"为"老"㉓，如此非一，遍满经传。唯有姚元标工于楷隶㉔，留心小学㉕，后生师之者众，洎㉖于齐末，秘书缮㉗写，贤于往日多矣。

江南闾里间有《画书赋》，乃陶隐居弟子杜道士所为。其人未甚识字，轻为轨则㉘，托名贵师㉙，世俗传信，后生颇为所误也。

注释

①秘阁：皇帝收藏书画图籍的地方常称为秘阁。意思是秘密收藏在阁里不让外边人窥看。

②二王：王羲之及子王献之，王献之也是东晋时的一位大书法家，传见《晋书》。

③卷：当时的书籍都是卷轴形式，"二王真草"本都是他父子写的书信，但当法书收藏时也装裱成卷轴形式。

④陶隐居：南朝萧梁时的道教思想家陶弘景，擅长书法，自号华阳隐居，传见《梁书》。阮交州：萧梁时阮研，官至交州刺史，擅书法，见唐张怀瓘《书断》。萧祭酒：萧子云，他曾任梁国子祭酒，就是国子监的长官。

⑤书之渊源：渊源本指水源，引申为根源，这里指王羲之的书法是其他各家书法的根源。

⑥晚节：此指晚年。

⑦染尚：影响崇尚。

⑧楷（kǎi）正：楷是楷式，可作为法式。"正"则和草书的"草"相

对而言，正而不草率。

⑨梁天监：梁武帝年号，共十八年（502—519）。

⑩大同：梁武帝年号，有十一年（535—545）。

⑪讹替：指点划差错，结构恶劣的字。讹是错误，替是衰败。滋：繁殖。

⑫邵陵王：梁武帝之子萧纶，封邵陵王，传见《梁书》。伪字：写法不正规的字。

⑬翕（xì）然：翕是合，翕然就是一致。

⑭画虎不成：古人有“画虎不成反类狗”的谚语，见《后汉书·马援传》。意思是学人家没有学好，反而学坏了。

⑮斟酌：这里是损益的意思，即指增减字的笔画。

⑯坟籍：即坟典，指古书。

⑰专辄：专擅，专断。

⑱“百”“念”为“忧”：这里举的例都是繁体字而不是今天的简化字。这个例是说“百”下加个“念”，便成为繁体“忧”字。

⑲“言”“反”为变：“言”下加个“反”成为繁体“变”字。

⑳“不”“用”为‘罢”：“不”下加个“用”成为繁体的“罢”。

㉑“追”“来”为“归”：“追”的右旁加个“来”成为繁体的“归”。

㉒“更”“生”为“苏”：“更”的右旁加个“生”成为繁体的“苏”。

㉓“先”“人”为“老”：“先”的末笔一勾之内加个“人”成为“老”字。

㉔姚元标：北魏书法家，见《北史·崔浩传》。楷隶：工整可为楷式的隶书，但这种隶书已是向正书过渡的隶书，后人都已称之为正书。

㉕小学：这里是指儿童入学先学文字，所以汉代把字书归入小学类，以后把讲文字字形、字义的书也归入小学类，文字训诂的学问也跟着被称为小学。

㉖洎（jì）：及，到。

㉗缮（shàn）：抄写。

㉘轻：轻易，随便。轨则：规范法则。

㉙托名贵师：指假托杜道士之师陶弘景所撰写。

译文

梁武帝秘阁珍藏的图书、字画散失以后，我见到了很多王羲之、王献之的真书、草书作品，家里也曾获得十卷。看了这些作品，才知道陶隐居、阮交州、萧祭酒等人的字，无不是学王羲之的字体格局，可见王羲之的字应是书法的渊源。萧祭酒晚年时的字有所变化，改变的就是转向王羲之年轻时所写的隶书。

两晋、刘宋以来，人们大多通晓书法，所以一时形成了风气。在人们中互相产生了影响，所有的书籍文献都写得楷正可观。即使难免出现个别俗体字，但损害不大。直到梁武帝天监年间，这种风气也没有改变，到了大同末年，异体错讹之字大量出现。萧子云改变字的形体，邵陵王常使用错别字；朝野上下都风起效仿，作为模式，画虎不成反类犬，造成很大的损害。一个字简化成只有几个点，有的将字体随意安排，任意改变偏旁的位置。从此以后的文献书籍几乎没法看。北朝经历了长期的兵荒马乱以后，书写字迹鄙陋不堪，加上擅自造字，字体比江南的还要粗俗笨拙。以至于有的将“百”、“念”两字组合替代“忧”字，“言”、“反”两字相组合替代“变”字，“不”、“用”两字组合替代“罢”字，“追”、“来”两字组合替代“归”字，“更”、“生”两字组合替代“苏”字，“先”、“人”两字组合替代“老”字。像这样的情况不是个别的，而是在书中到处可见。只有姚元标擅长于楷书、隶书，专心研究文字训诂的学问，跟从他学习的门生很多。到了北齐末年，掌管典籍文献的官吏所抄写的字体，就比以前的时候强多了。

江南民间流传有《画书赋》一书，是陶隐居的弟子杜道士撰写的。这个人不怎么认识字，轻率地规定字体的法则，假托名师，世人以讹传讹，信以为真，很是误人子弟。

原文

画绘之工，亦为妙矣，自古名士，多或能之。吾家尝有梁元帝手画蝉雀白团扇[①]及马图，亦难及也。武烈太子偏能写真[②]，坐上宾客，随宜点染[③]，即成数人，以问童孺，皆知姓名矣。萧贲[④]、刘孝先、刘灵，并文学已外，复佳此法。玩阅古今，特可宝爱。若官未通显，每被公私使令，亦为猥役。吴县顾士端出身湘东王国侍郎[⑤]，后为镇南府刑狱参军[⑥]，有子曰庭，西朝中书舍人[⑦]，父子并有琴、书之艺，尤妙丹青[⑧]，常被元帝所使，每怀羞恨。彭城刘岳，橐之子也，仕为骠骑府管记、平氏县令[⑨]，才学快士，而画绝伦[⑩]。后随武陵王入蜀[⑪]，下牢之败[⑫]，遂为陆护军画支江[⑬]寺壁，与诸工巧杂处。向使[⑭]三贤都不晓画，直运素业，岂见此耻乎？

注释

①团扇：圆形有短柄的扇子，上面可题字绘画。我国古代的扇子一向流行这种形式，至于折扇是明清时才流行的。

②武烈太子：梁元帝的长子名方等，战死后谥忠庄太子，元帝即位改谥武烈太子，传见《梁书》，唐张彦远《历代名画记》说他能写真。古代称画人像为“写真”。

③点染：画家点笔染色。

④萧贲：南齐竞陵王萧子良之孙。

⑤吴县：吴郡的治所，即今江苏苏州。湘东王：梁元帝萧绎曾封湘东郡王。侍郎：梁时王国设置的官职。

⑥镇南府：萧绎在大同六年（540）出任使持节都督江州诸军事、镇南将军、江州刺史，镇南府就指这镇南将军府。刑狱参军：是镇南将军府里执掌刑狱的官员。

⑦西朝中书舍人：西朝指梁元帝萧绎在江陵称帝后的朝廷，萧梁在中书省下设有中书舍人的官职。

⑧丹青：本是我国古代绘画常用的两种颜色，引申为绘画。

⑨骠骑府：当是骠骑将军府。管记：当是掌管文书的官职。平氏县：在今河南唐河县东南。

⑩绝伦：超越同辈，特别杰出。

⑪武陵王入蜀：梁武帝萧纪，传见《梁书》。入蜀：指他任益州刺史。

⑫下牢之败：下牢关，在今湖北宜昌市西北，长江出峡处。梁元帝承

圣二年（553）武陵王萧纪称帝，与在江陵的元帝作战，战败被杀。下牢之败当是其中的一个战役。

⑬陆护军：梁元帝的将领护军将军陆法和，传见《北齐书》。支江：即枝江，县名，在今湖北枝江。

⑭向使：假使，假如。

译文

擅长绘画，也是件好事，从古以来的名士，很多人有这本领。我家曾保存有梁元帝亲手画的蝉、雀白、团扇和马图，也是旁人很难企及的。梁元帝的长子萧方等专门善于画人物肖像，画在座的宾客，他只要用笔随意点染，就能画出几位逼真的人物形象。拿了画像去问小孩，小孩都指出画中人物的姓名。还有萧贲、刘孝先、刘灵除了精通文章学术之外，也善于绘画。赏玩古今名画，确实让人爱不释手。但如果善于作画的人官位还未显贵，则能绘画就会常被公家或私人使唤，作画也就成了一种下贱的差使。吴县顾士端身为湘东王国的侍郎，后来任镇南府刑狱参军，他有个儿子名叫顾庭，是梁元帝的中书舍人，父子俩都通晓琴棋书画，常被梁元帝使唤，时常感到羞愧悔恨。彭城有位刘岳，是刘橐的儿子，担任过骠骑府管记、平氏县令，富有才学，为人爽快，绘画技艺独一无二，后来跟随武陵王到蜀地，下牢关战败，就被陆护军弄到枝江的寺院里去画壁画，和那些工匠杂处一起。如果这三位贤能的人当初都不会绘画，一直只致力于清高儒雅的事业，怎么会受这样的耻辱呢？

原文

弧矢[①]之利，以威天下，先王所以观德择贤[②]，亦济身之急务也。江南谓世之常射，以为“兵射”，冠冕儒生，多不习此。别有“博射”，弱弓长箭，施于准的[③]，揖让升降[④]，以行礼焉，防御寇难，了无所益，乱离之后，此术遂亡。河北文士，率晓“兵射”，非直葛洪[⑤]一箭，已解追兵，三九宴集，常縻荣赐[⑥]。虽然，要轻禽，截狡兽[⑦]，不愿汝辈为之。

注释

①弧矢：弓和箭。这两句见于《易·系辞下》

②先王：通常用来指儒家信仰中的尧、舜、禹、商汤、周文王、武王等先王。观德择贤：《礼记·射义》中说："射以观德"，又说只有贤者才能射中鹄（gǔ），即箭靶中心。意思是通过射箭可以看出人的德行，并由此选择出贤者。

③准的：射箭的标的。

④揖让升降：揖是拱手为礼，让是相让。升是上去，降是下来。这都是用来形容"博射"的礼节。

⑤葛洪：东晋时道教大师，著有《抱朴子》，《内篇》讲道家的炼丹画符之类，《外篇》是儒家的政论，在这书的自序中说当年在军队里曾"手射追骑"，"杀二贼一马，遂得免死"。

⑥荣赐：此指河北贵人宴会上比射箭，中了可得赏赐。縻（mí）：是牵系，此指弄来。

⑦要（yāo）轻禽：讲打猎。要，通"邀"，拦截的意思。轻禽：指轻飞的禽鸟。截狡兽：也是讲打猎。都见于曹丕的《典论自序》。

译文

弓箭的用处，可以威震天下，古代的帝王以射箭来考察人的德行，选择贤能。同时也是保全性命的紧要事情。江南的人将世上常见的射箭，看成是武夫的射箭，所以儒雅的书生都不肯学习此道。另外有一种比赛用的射箭，弓的力量很弱，箭身较长，设有箭靶，宾主相见，温文尔雅，作揖相让，举行射礼。这种射箭对于防御敌寇，一点没有益处。经过了乱离之后，这种"博射"就没人玩了。北方的文人，大多数会"兵射"，不只是葛洪能一箭可以追杀贼寇，三公九卿宴会时常常赐射箭的优胜者。射箭技术的高低，关系到荣誉与赏赐。尽管这样，用射箭去猎获飞禽走兽这种事，我仍不愿意你们去做的。

原文

算术亦是六艺①要事。自古儒士论天道、定律历②者，皆学通之。然可以兼明，不可以专业。江南此学殊少，唯范阳祖暅③精之，位至南康④太守。河北多晓此术。

医方之事，取妙极难，不劝汝曹以自命也。微解药性，小小和合，居家得以救急，亦为胜事，皇甫谧、殷仲堪⑤则其人也。

《礼》曰⑥："君子无故不彻琴瑟⑦。"古来名士，多所爱好。洎于梁初，衣冠子孙，不知琴者，号有所阙⑧。大同以末，斯风顿尽。然而此乐愔愔雅致⑨，有深味哉！今世曲解⑩，虽变于古，犹足以畅神情也。唯不可令有称誉，见役勋贵，处之下坐⑪，以取残杯冷炙⑫之辱。戴安道⑬犹遭之，况尔曹乎！

注释

①六艺：此指《周礼·地官·保氏》里讲的六艺，即礼、乐、射、御、书、数。

②论天道、定律历：就是天文历法，是我国先秦时就取得成就的一门自然科学，它又和数学分不开，所以我国古代也常说"天文算术之学"，这种学问后来多是儒生兼通的。

③范阳：郡名，曹魏时设置，隋初废，治所涿县，即今河北涿县。祖暅（xuǎn）：即祖暅之，南齐大科学家祖冲之之子，在数学上也有很大的贡献，出仕萧梁，传附见《南史·祖冲之传》。

④南康：郡名，治所赣县，即今江西赣州。

⑤皇甫谧：著有《论寒食散方》等医药书。殷仲堪：东晋末年大臣，在内战中被杀，他精通医药。传见《晋书》。

⑥《礼》曰：这见于《礼记·乐记》。

⑦彻：通"撤"。琴：指中国传统的七弦琴，周代已有了。瑟：弦拨乐器，通常有二十五弦，春秋时已流行。

⑧阙：通"缺"。

⑨愔（yīn）：安静和悦。雅致：优美而不庸俗。

⑩曲解：曲是乐曲，解是乐曲的章节。

⑪下坐：坐通“座”，下面的座位，即不当作客人而当作乐工看待。

⑫炙（zhì）：本是烤，引申为烤肉。

⑬戴安道：戴逵字安道，东晋文学家兼艺术家，传见《晋书》。武陵王司马晞（xī）召他弹琴，他很生气地把琴摔破，说：“戴安道不为五门伶人。”

译文

算术也是六艺中重要的一个方面，自古以来的读书人谈论天文，推定历法，都要精通算术。然而，可以在学别的本领的同时学算术，不要专门去学习它。江南通晓算术的人很少，只有范阳的祖暅精通它，他的官位是南康太守，北方人中多通晓算术。

医学方面，要达到高水平极为困难，我不鼓励你们以会看病自许。稍微了解一些药性，略为懂得如何配药，居家过日子能够用来救急，也就可以了。皇甫谧、殷仲堪，就是这样的人。

《礼记·乐记》说：“君子无故不撤去琴瑟。”自古以来的名士，大多爱好音乐。到了梁朝初期，如果贵族子弟不懂弹琴鼓瑟，就被要认为有缺点，大同末年以来，这种风气丧失殆尽。然而音乐和谐美妙，非常雅致，意味无穷！现在的琴曲歌词，虽然是从古代演变过来，还是足以使人听了神情舒畅。只是不要以擅长音乐闻名，那样就会被达官贵人所役使，身居下座为人演奏，以讨得残杯剩饭，备受屈辱。戴安道尚且碰到过这样的事，何况你们呢？”

终制篇二十

原文

死者，人之常分，不可免也。吾年十九，值梁家[①]丧乱，其间与白刃为伍[②]者，亦常数辈，幸承余福，得至于今。古人云："五十不为夭[③]。"吾已六十余，故心坦然，不以残年为念[④]。先有风气之疾，常疑奄然[⑤]，聊书素怀[⑥]，以为汝诫。

注释

①梁家：指梁朝。

②与白刃为伍：白刃指刀剑等有刃口的武器。与白刃为伍，等于说在剑丛中混日子。

③夭：夭折，短命。

④残年：古人平均年龄远不如现在长，人活到六十余，剩下的时间就不多了，所以叫"残年"。念：此指顾虑。

⑤奄然：奄忽，死亡。

⑥聊：姑且。素怀：平素想的，一向想的。

译文

人总是要死的，这是常有的事，不可避免。我十九岁的时候，正值梁朝动荡不安，其间有许多次在刀剑丛中过日子，幸亏承蒙祖上的福荫，我才能活到今天。古人说："活到五十岁就不算短命了。"我已年过花甲，六十有余，所以心里平静坦然，不为余生顾虑了。以前我患有风湿病，常怀疑自己会突然死去，因而姑且记下自己平时的想法，作为对你们的嘱咐训诫。

解题

终制：即对送终居丧礼葬的安排。终，是终结，此指生命的终结即死亡。制，是居亲丧守之事。这篇《终制》是颜之推预先叮嘱儿辈安排好自己死后的薄葬等事。当时我国黄河流域、长江流域都通行棺殓土葬，颜之推虽未能免俗，但他仍能对当时贵族官僚喜欢厚葬的恶习予以抵制，提出了许多比较简省的办法。

原文

先君先夫人皆未还建邺旧山①，旅葬②江陵东郭。承圣③末，已启求扬都，欲营迁厝④，蒙诏赐银百两，已于扬州小郊北地烧砖。便值本朝沦没⑤，流离如此⑥。数十年间，绝于还望。今虽混一⑦，家道罄⑧穷，何由办此奉营⑨资费？且扬都污毁⑩，无复孑遗⑪，还被下湿⑫，未为得计⑬。自咎自责，贯心刻髓⑭。

注释

①先君先夫人：指颜之推已死去的父母。建邺旧山：颜之推的九世祖颜含跟随晋元帝南渡，所以把东晋和南朝的都城建邺即建康，即今江苏南京作为他的故乡，称当地的山丘为“旧山”。

②旅葬：旅是在外作客，旅葬就是葬在外地而不曾归葬故乡，后人常说的“客葬”。

③承圣：梁元帝萧绎的年号，共三年（552—554），当时叛将侯景已被歼灭，扬都即建康已在梁元帝统治之下。

④厝（cuò）：浅埋以待改葬叫厝。

⑤本朝：颜之推以梁人自居，所以称梁为本朝。沦没：指梁元帝的江陵政权被西魏灭掉。

⑥流离如此：指颜之推随江陵政权沦亡进入西魏都城长安，又乘船逃奔北齐。西魏转为北周政权，北周灭北齐、颜之推又入长安，继而又入隋朝。

⑦混一：统一中国。

⑧家道：指家里产业财富的多少。罄（qìng）：空，尽。

⑨办：筹办、筹集。奉：捧，此指恭敬地把先君先夫人的遗体运到建康。营：此指营葬。

⑩污毁：当时扬都的宫室民居已多平毁，所以说“污毁”。我国古代有把犯重罪者的住宅毁掉并挖成水池的办法，叫“污宫”。

⑪无复孑遗：即一个也没有了。见《诗·大雅·云汉》说：“用余黎民，靡有孑遗。”意思是西周经过大旱灾，剩下的居民几乎一个也没有了。这当然是文学作品夸大的说法，实际是说战乱后人烟稀少。

⑫被：覆盖。下湿：古人多说江南下湿、卑湿，即低下潮湿，和西北的高亢相对而言。

⑬得计：合算，合乎愿望。

⑭贯心刻髓：穿过心脏，刻进骨髓，形容“自咎自责”的深切。

译文

我的亡父与亡母的灵柩都没能送回建邺祖坟处，暂时葬在江陵城的东郊。承圣末年，已启奏要求回扬都，着手准备迁葬事宜，承蒙元帝下诏赐银百两，我已在扬州近郊北边烧制墓砖。此时正值梁朝灭亡，我流离失所到了此地，几十年来，对迁葬扬都已不抱什么希望了。现今虽然天下统一，只是家道衰落，哪里有能力支付这奉还营葬造墓的费用？况且扬都已被破坏，老家没有一个亲人了。加上坟地被淹，土地低洼潮湿，也没办法迁葬。只有自己责备自己，铭心刻骨地感到愧疚了。

原文

孔子之葬亲也，云：“古者墓而不坟。丘东西南北之人也，不可以弗识也。”于是封之崇四尺①。然则君子应世行道，亦有不守坟墓之时，况为事际②所逼也。吾今羁旅③，身若浮云④，竟未知何乡是吾葬地，唯当气绝便埋之耳。汝曹宜以传业扬名为务，不可顾恋朽壤⑤，以取堙没⑥也。

注释

①孔子之葬亲也，云：“古者墓而不坟，丘东西南北之人也，不可以

弗识也。”于是封之崇四尺：见于《礼记·檀弓上》。坟是堆高起来。东西南北之人，指到处奔走而不老是守着家乡的人。识（zhì）：通“志”，做标志。封是堆土。崇是高。

②事际：指战乱的事势。

③羁旅：作客他乡。

④身若浮云：指不在家乡，好似浮云一样没有个根。

⑤朽壤：腐朽的土壤，指土壤里埋了朽骨的坟墓。

⑥堙没：漂没无闻，声名埋没不为人们所知道。

译文

孔子安葬亲人时说道：“古代的墓是没有土堆的。我孔丘是四处奔走的人，不能不在墓地上留个标志。”于是在墓上造了个土堆，只有四尺高。这样看来君子处世行道，也有不能守着坟墓的时候；何况为事势所逼无法守墓呢！我现在流落他乡，自身就像浮云一样飘荡不定，都不知道何处是我的葬身之地，只要在我断气以后，随地埋葬就行了。你们应该以继承功业、弘扬美名为要事，不可顾恋朽骨坟土，那样反而埋没了自己的前程。

古韵体验

Gu Yun Ti Yan

颜氏家训

《颜氏家训》直接开后世"家训"的先河，是我国古代家庭教育理论宝库中的一份珍贵遗产。颜之推并无赫赫之功，也未列显官之位，却因一部《颜氏家训》而享千秋盛名，由此可见其家训的影响深远。被陈振孙誉为"古今家训之祖"的《颜氏家训》，是中国文化史上的一部重要典籍，这不仅表现在该书"质而明，详而要，平而不诡"的文章风格上，以及"兼论字画音训，并考正典故，品第文艺"的内容方面，而且还表现在该书"述立身治家之法，辨正时俗之谬"的现世精神上。因此，历代学者对该书推崇备至，视之为垂训子孙以及家庭教育的典范。纵观历史，颜氏子孙在操守与才学方面都有惊世表现，光以唐朝而言，像注解《汉书》的颜思古，书法为世楷模、笼罩千年的颜真卿，凛然大节震烁千古、以身殉国的颜杲卿等人，都令人对颜家有不同凡响的深刻印象，更足证其祖所立家训之效用彰著。即使到了宋元两朝，颜氏族人也仍然入仕不断，尤其令以后明清两代的人钦羡不已。

从总体上看，《颜氏家训》是一部有着丰富文化内蕴的作品，不失为我国古代优秀文化的一种，它不仅在家庭伦理、道德修养方面对我们今天有着重要的借鉴作用，而且对研究古文献学，研究南北朝历史、文化有着很高的学术价值；同时，作者在特殊政治氛围（乱世）中所表现出的明哲思辨，对后人有着宝贵的认识价值。

本书共二十篇，有《教子》《兄弟》《治家》《勉学》《文章》《书证》等。作为一名教师，我从自己所从事的职业所具有的特殊性，有针对性、有重点地学习了第八章《勉学》，这章共有原文、译文二十二篇，其中提到的"人生小幼，精神专利，长成已后，思虑散逸，固须早教，勿失机也"，告诉我们，人在小的时候，精神专一，长大以后，心思分散。因此，必须重视早期教育，不能错过良机。其中提到启蒙教育的重要，是奠定一生的基础，并从各个方面记录了一些自己在早期教育中的想法和做法，现在看了也颇具启发性。

颜之推一生，历仕四朝，"三为亡国之人"，饱尝离乱之苦，深怀忐忑之虑。曾写了一篇《观我生赋》，对于自己身经亡国丧家的变故，以及"予一生而三化"的无可奈何情状，做了痛哭流涕的陈述，且悔恨道：

“向使潜于草茅之下，甘为畎亩之民，无读书而学剑，莫抵掌以膏身，委明珠而乐贱，辞白璧以安贫，尧舜不能辞其素朴，桀纣无以污其清尘，此穷何由而至？兹辱安所自臻？”悲愤之情，溢于言表。

纵观全书，其内容涉及许多领域，主要表现在以下几个方面：

一是作者强调教育思想应以儒学为核心。他认为“古之学者为人，行道以利世也；今之学者为己，修生以求进也。”他推崇“古者圣王有胎教之法”。尤其重视对孩子的早期教育，在教育基本理论，作者还强调环境对人的成长的重要性。

二是《颜氏家训》对儒学、佛学、文学等都提出自己独特的见解。作者强调儒学的社会功能，认为儒学经术只是手段，经世致用才是最终目的，并且对当时士大夫的教育状况表示强烈的不满，对只会掉书袋而没有实际本事的“百无一用”的书生的出现表示担忧。

颜之推举例子说，孔子曾说：到了五十岁学习《易经》，就可以避免大的过错。曹操和袁遗，到了晚年更加专心刻苦，这两个人都是小时候好学，到老依然孜孜不倦。曾子七十岁才开始学习，后来名闻天下；荀子五十岁才出来游学，还成为一代宗师。公孙弘四十多岁才读《春秋》，因熟读《春秋》当上了卿相，朱云、黄埔谧小时候好学，就像旭日东升放出的光芒；老的时候好学，就像手持蜡烛在夜里行走，这也比闭上眼睛，什么也看不见的人强多了(幼而学者，如日出之光，老而学者，如秉烛夜行，犹贤乎瞑目而无见者也）。感受到这些句句在理的古人言，我们不得不明白：作为学子必须要树立终生学习的思想。

“有志向者，遂能磨砺，以就素业，无履立者，自兹堕慢，便为凡人”告诉我们：有志向的人，就要经得起磨炼，成就事业；没有志向、缺乏毅力的人，从此懈怠，就变成了平庸之人。其实，读书既然不会万能，因此也不像前文所提的“唯有读书高”了，读书仅仅是学习前人精神文化、生活智慧、人生经验、科学知识的一个途径，仅处在格物、致知的层次上。读了书，还要在书的引导、启发下继续发展，向内部发展是继续正心、诚意、修身，向外部发展是学成一技、长于一术，用来齐家、治国、平天下，经世致用才行。因此，开卷有益，读书有用。读书只是人生的起步，书非读不可，但读书并不就是人生的唯一；而读书时的考试成绩，更不是人生的唯一。若能在少儿时期，饱读经史子集，长成后联系实际，学以致用；虽然不能达到“为天地立心，为生民立命，为往圣继绝学，为万世开太平”的境界，但能不被人讥笑为短视，浅薄，粗鲁，人生就轻松多了。诚如颜子所言：“何惜数年勤学，长受一生愧辱哉！”

延伸阅读

Yan Shen Yue Du

文化延伸

——与本书内容有关的图书、影视

《了凡四训》
作者：袁黄

研究缩影

《了凡四训》，种德立命、修身治世类教育书籍。作者以自己的亲身经历，讲述了改变命运的过程。原本为教训自己的儿子，故取名《训子文》；其后为启迪世人，遂改今名。虽然文章篇幅短小，但是寓理内涵深刻，兼融儒释道三家思想和真善美中华文化，所以数百年历久不衰，为各界人士欣然传诵，时至今日，仍然是脍炙人口、滋育身心的杰作。

《钱氏家训》
作者：钱镠

研究缩影

《钱氏家训》是一篇无价的宝典，是钱家先祖后唐时期吴越国王钱镠留给子孙的精神遗产。钱氏家族把《钱氏家训》在钱家代代相传，成为人才辈出的不竭动力。《钱氏家训》分为个人、家庭、社会、国家四大部分，对钱氏子孙立身处世，持家治国的思想行为，作了全面的规范和教诲。《钱氏家训》不只是钱氏后人的行为准则，更是留给每个中国人的宝贵精神遗产，是我们每一个中国人都应该认真学习的成长训言。

《女诫》
作者：班昭

研究缩影

班昭字惠班，又名姬，家学渊源，尤擅文采。她的父亲班彪是当时的大文豪，班昭本人常被召入皇宫，教授皇后及诸贵人诵读经史，宫中尊之为师。《女诫》是班昭为教导班家女性女德所作的私书。本篇述说女子有四种品行：妇德并非要才华卓异，而在端庄安详；妇言并非要伶牙俐齿，而在善解人意；妇容并非要打扮得花枝招展，而在整齐洁净；妇功也并非要技艺超群，而在做事能专心致志。总而言之，女德“唯在存心耳”。

名家链接

1.朱柏庐

朱柏庐（1627—1698）原名朱用纯，字致一，自号柏庐，江苏昆山人（今昆山市），明末清初江苏昆山县人。著名理学家、教育家。康熙曾多次征召，然均为先生所拒绝。也应了他在《朱子家训》中所说：读书志在圣贤，非徒科第；为官心存君国，岂计身家？曾用精楷手写数十本教材用于教学。潜心研究程朱理学，主张知行并进，躬行实践。康熙间坚辞博学鸿词之荐，后又坚拒地方官举荐的乡饮大宾。与徐枋、杨无咎号称“吴中三高士”。康熙三十七年（公元1698年）染疾，临终前嘱弟子：“学问在性命，事业在忠孝”。著有《删补易经蒙引》《四书讲义》《劝言》《耻耕堂诗文集》《愧讷集》和《毋欺录》等。

2.曾国藩

曾国藩（1811年11月26日—1872年3月12日），汉族，初名子城，字伯函，号涤生，宗圣曾子七十世孙。中国近代政治家、战略家、理学家、文学家，湘军的创立者和统帅。与胡林翼并称曾胡，与李鸿章、左宗棠、张之洞并称“晚清四大名臣”。官至两江总督、直隶总督、武英殿大学士，封一等毅勇侯，谥曰文正。可以说曾国藩是中国近代化建设的开拓者，也是晚清一位极具争议的人物，既有中兴名臣的美称，又有“卖国贼”的恶名，毁誉参半，褒贬不一，无论欣赏他的人还是鄙视他的人都对他的家书推崇备至，可见他的家书不仅是一部记录家常的书信集，更是一部蕴藏着为人处世，持家教子的智慧书。

经典语录

1. 生不可不惜，不可苟惜。涉险畏之途，干祸难之事，贪欲以伤生，谗慝而致死，此君子之所惜者；行诚孝而见贼，履行义而得罪，丧身以全家，泯躯而济国，君子不咎也。

2. 观天下书未遍，不得妄下雌黄。

3. 有志向者，遂能磨励，以就素业，无履立者，自兹堕慢，便为凡人。

4. 父不慈则子不孝，兄不友则弟不恭，夫不义则妇不顺矣。

5. 夫学者犹种生产方式也，春玩其华，秋登其实；讲论文章，春华也，修身利行，秋实也。

6. 夫学者所以求益耳。见人读数十卷书，便自高大，凌忽长者，轻慢同列；人疾之，如雠敌，恶之如鸱枭。如此以学自损，不如无学也。

7. 春而知之者上，学而知之者次。所以学者，欲其多知明达耳。

8. 每常心共口敌，性与情竞，夜觉晓非，今悔昨失，自怜无教，以至於斯。追思平昔之指，铭肌镂骨；非徒古书之诫，经目过耳也。

9. 文章当以理致为心肾，气调为筋骨，事义为皮肤，华丽为冠冕。今世相承，趋末弃本，率多浮艳。

10. 与善人居，如入芝兰之室，久而自芳也；与恶人居，如入鲍鱼之肆，久而自臭也。

11. 山中人不信有鱼大如木，海上人不信有木大如鱼。

12. 四海之人，结为兄弟，亦何容易。必有志均义敌，令终如始者，方可议之。

图书在版编目（CIP）数据

颜氏家训/（北齐）颜之推著. --长春：北方妇女儿童出版社，2016.5（2021.2重印）
（中华国学经典全民阅读书库）
ISBN 978-7-5385-9106-4

Ⅰ.①颜… Ⅱ.①颜… Ⅲ.①家庭道德-中国-南北朝时代 Ⅳ.①B823.1

中国版本图书馆 CIP 数据核字（2016）第 077732 号

颜氏家训
YANSHI JIAXUN

出 版 人 刘 刚
责任编辑 吴 桐
开　　本 710mm×1000mm 1/16
印　　张 13
字　　数 165 千字
版　　次 2016 年 2 月第 1 版
印　　次 2021 年 2 月第 3 次印刷
印　　刷 三河市华晨印务有限公司
出　　版 北方妇女儿童出版社
发　　行 北方妇女儿童出版社
地　　址 长春市净月开发区龙腾国际大厦A座
电　　话 总编办：0431-81629600

定　　价 29.80 元